満鉄 特急あじあ号

市原 善積

原書房

目次

欧米出張記録

流線形特別急行列車「あじあ」

緒　言

広漠たる満洲の大平原を、大連から哈爾浜《ハルビン》まで黒煙を吐きながら驀進した流線型超特急列車〝あじあ〟は、今では幻の鉄道列車となったが、その〝あじあ〟を南満洲鉄道株式会社で建造を計画した昭和八(一九三三)年から、運転を開始した昭和九(一九三四)年に至るまでの設計製作に関する苦心談、また、それがどんなに世界に誇る最優秀列車であったかということを語るには、まず南満州鉄道株式会社創立の由来を述べなければならない。

そして、それには、日清戦争、ロシアの東支鉄道、露清銀行、ロシアの南満洲鉄道、日露戦争のことを、順を追って簡単に話しておく必要がある。

満鉄創立前の国際諸情勢

(1) 日清戦争

日本は朝鮮の独立を認めて国交を結んで以来、常に親密に交わり、その国運の発達を助けてきたのであるが、清国は朝鮮を属国視する態度をとり、絶えずその内政に干渉していたので、朝鮮国内には、日本を模範として国政を改革しようとする独立党と、清国の属国として国を保とうとする事大党との二党派ができ、党派の争いがすこぶる激しかった。そして一八八二年には暴徒が起こり、日本の官民を傷つけて日本公使館を襲い、さらに一八八四年独立党が国政の改革を断行すると、事大党は清国の力を借りて暴動を起こし、再び日本の官民および公使館を損傷するに至ったので、日本はその都度、朝鮮に謝罪させるとともに、一八八五年には清国と天津条約を締結して朝鮮内乱の禍根を絶つように努めたのである。

しかるに清国はその後も朝鮮を属国視する態度を改めず、一八九四年、東学党の内乱が起こると、相共に協力して朝鮮の独立を固くせんとする日本の提案を拒絶し、かえって兵力をもって日本を威嚇しようとするに至った。ここにおいて、日本は遂に、東洋平和のため、清国に宣戦を布告し、明治二十七、八(一八九四、五)年の日清戦役となったのであるが、この戦争で日本軍は連戦連勝、清国をして和を乞うの止むなきに至らしめ、下関条約によって清国に朝鮮の独立を認めさせ、遼東半島と台湾を日本に割譲せしめるに至り、朝鮮は漸く清国の干渉を脱することができたのである。

ところが日清戦争後、清国が日本に対しての戦費賠償金三、〇〇〇万両（テール）の支払いに悩んでいるのに乗じたロシアは、フランスと共同して一五八〇万ポンドの借款を締結し、さらにドイツを誘い、三国共同して日本から遼東半島の還付をなさしめた。

(2) ロシアの東支鉄道

一八九六年五月、ロシアは、ロシア皇帝戴冠式に参列した清国の李鴻章と露清同盟密約を締結した。その第四条には、「危険に瀕せる地点に向けロシア軍隊の到着を容易ならしめ、かつ、その軍隊の兵糧、弾薬の輸送を確実ならしむるため、清国政府は黒竜江および吉林の領土よりウラジオストックに通ずる鉄道敷設に協賛を与ふべし」とあった。

この密約第四条によって、「東清鉄道敷設および経営に関する契約」が露清銀行と駐露清国公使との間に締結され、鉄道会社に関するロシア慣習に従って、東清鉄道会社条例が一八九六年十二月に発布された。

定款の作成とともに、ロシア側の重役、技師長が決定し、越えて一八九七年一月清国側の重役が任命された。そして一八九七年三月一日、会社創立式を挙げ、本社をペトログラード、支社を北京、鉄道庁を哈爾浜《ハルビン》に設置し、建設への陣容を整備した。

ロシアは本鉄道の建設権および所有権を自国の国家の手に確保することを主張したが、李鴻章の反対によってロシアの私設会社に付与せられることに決定した。しかしながらロシアは、シベリア鉄道と直接関連する本鉄道を一私設会社の手に委ねることは、極東政策の遂行上不安を感じたので、次の

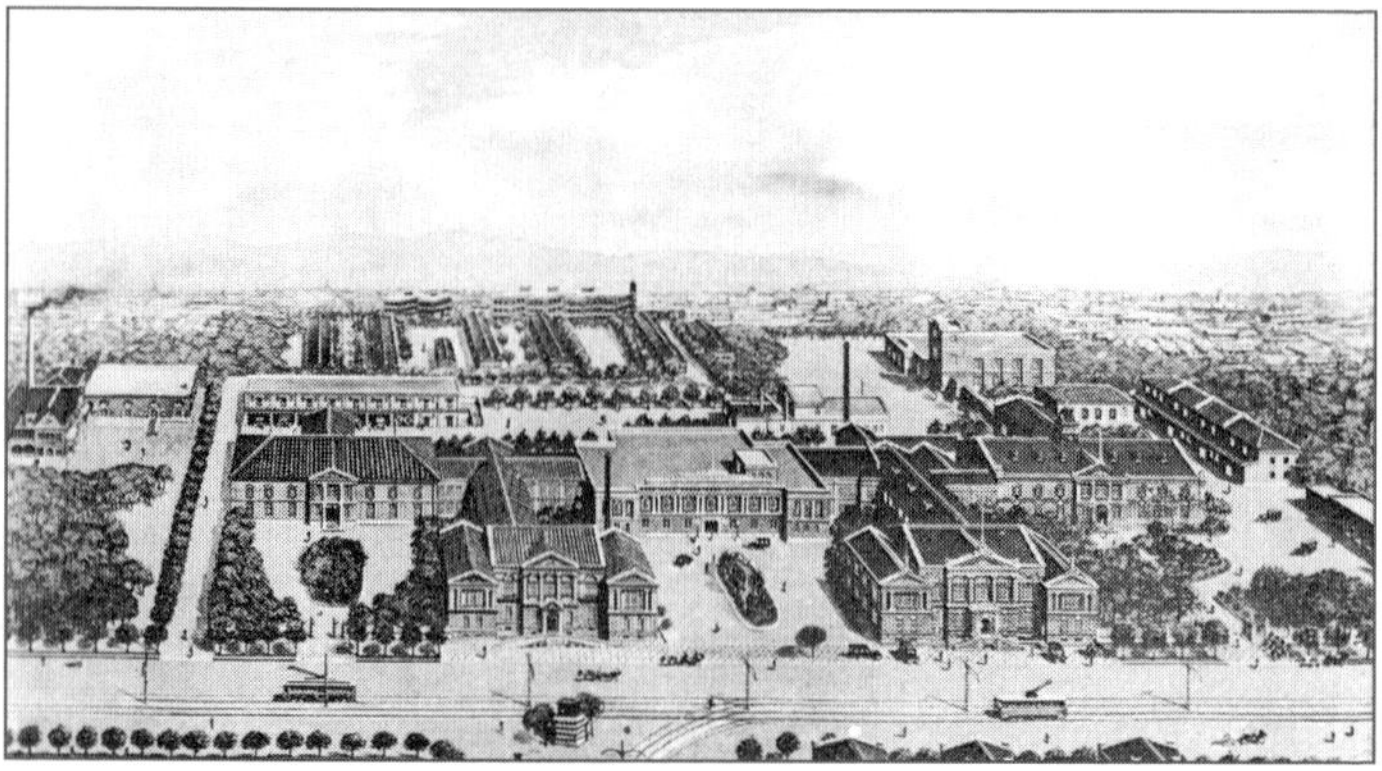

満鉄本社全景（大連市東公園町）
明治 41 年 2 月から終戦の年まで使用

ような方法を講ずることによって、ほぼ最初の意図に近く国家の実質的管理下に置くことに成功した。

1　ロシア政府は露清同盟密約第四条によって東清鉄道敷設の権利を獲得す。

2　政府は右の権利を「東清鉄道敷設および経営に関する契約」によって露清銀行に委任す。

3　露清銀行は契約第一条によって、この鉄道の建設および経営のために、東清鉄道株式会社を設立して、これに関する一切の権利、義務を同会社に移転す。

4　この会社はロシアの法律によって作成された「東清鉄道株式会社定款」により経営せられ、同定款は会社の政府への従属関係を強く規定する。

5　資本関係においては、会社の株式一〇〇〇株の発行は全部これを露清銀行において引き受けるが、右一〇〇〇株の内七〇〇株以上はロシア政府に割り当て、爾余の三〇〇株以下はフランス資本の参加のため民間に放出されるはずのところ、株式募集前においてフランス資本の参加が否定されたため、この三〇〇株以下の分もまた容易にロシア政府の手に帰し、かくのごとくにして、五〇〇〇万ルーブルの東清鉄道株式会社の株式資本は「極東に対する国庫の支出」という項目に入れられた。

その後の建設その他の資本三億ルーブルもすべてロシア国庫から支出された。

東支鉄道が、鉄道の敷設、経営の権利のほかにこれと同時に、あるいはその後において契約などによって獲得した権利には、次のようなものがあった。

1　鉄道守備権
2　松花江航行権
3　鉄道附属地収用権
4　礦山採掘権
5　森林伐採権
6　電信電話の建設経営権
7　郵便の設置権
8　免許特権
9　司法権
10　鉄道附属地行政権

これらの特権または利権は、一方においてこの未開地における鉄道経営の安全性と経済性を保証する手段であり、他方においては、進んでロシアの勢力扶植の有力な武器であった。

(3) 露清銀行

露清銀行がどんな目的で設立されたかをここで説明する。

十九世紀末葉のヨーロッパにおいて金融資本の中心的市場であったパリのフランス資本は、ロシアの国家的保証を得ることによって初めて東方への冒険的な進出に興味を持ち始めた。

日清戦争で敗北した清国が日本に対して三〇〇〇万両の賠償金支払の義務を負うに至ったとき、三国干渉により北京において優越的地位を獲得したロシアは、清国のために右の賠償金に充てる外債の募集を引き受け、これをパリで調達した。パリ銀行団はこれを機会に東洋進出を企図したので、これに酬ゆるためロシア政府のウイッテは、フランス資本を基礎としロシア政府の出資を加えて露清銀行を設立し、清国において左のごとき広汎な経済的金融的任務に就かしむることになった。

1 鉄道および電信の建設
2 倉庫および船舶業務
3 関税および租税の取扱
4 損害保険
5 地方通貨の鋳造
6 銀行券の発行
7 その他の一般銀行業務

本銀行設立の目的は「東アジア諸国との貿易、交通を支持する」ものと規定せられ、その広汎にわたる業務を遂行することによって、ロシアの極東経営にとって有力な武器となるべきであったが、間もなく、東清鉄道会社が政府の絶大な支持の下に誕生するに至って、「極東経営の武器」である使命

開原駅構内の大豆野積

は実質的にその大部分をこの新しい鉄道会社に奪われ、銀行はむしろ補助的地位に甘んずることとなったのである。

(4) ロシアの南満洲鉄道

ロシアは一八九八年三月、パウロフ条約締結によって、二十五カ年の期限をもって旅順および大連の租借権と、東清鉄道本線の一地点（哈爾浜）より大連湾に至る鉄道、および必要の場合には該本線より営口および鴨緑江間の沿海の便利な一地方に至る鉄道敷設の権利とを獲得した。そして、まず敷設材料運搬のため同年五月営口支線の仮設に着手するとともに、同年七月「東支鉄道南満支線敷設および経営に関する契約」を結び、同月十三日より正式工事に着手した。一九〇二年十一月三日には早くも哈爾浜・旅順間の工事を終わり、翌年一月より仮営業の運びに至り、一九〇三年七月には東支本線とともに本営業を開始した。初め南満線の終点を旅順に置いたが、ダルニー港（大連港）

を構築することに決して、大連に支線を敷設した。

明治三十七（一九〇四）年二月七日すなわち日露戦争開始前までにロシアの敷設せる南満支線関係鉄道は、次の通りである。

1　南満支線（幹線、ハルビン・旅順間）
2　ダルニー支線（周水子・大連間）
3　柳樹屯支線（大房身・柳樹屯間）
4　営口支線（大石橋・営口間）
5　煙台支線（烟台・同炭坑間）
6　撫順支線（蘇家屯・撫順間）

(5) 日露戦争

日清戦争のあと、ロシアは自分の野心のために日本の遼東半島領有に反対し、フランス、ドイツを誘ってその還付を勧めてきた。三国干渉である。日本は東洋平和のために止むなくその要求を容れたのであるが、このころより西洋諸国の清国の無力につけこんだ圧迫は特に著しくなり、ロシアは大連旅順を、ドイツは膠州湾を、イギリスは威海衛を、フランスは広州湾を相次いで租借して、清国の要地をほとんどその勢力の下に置き、さらに各地の利権を獲得して横暴を極めるに至った。

ここにおいて一九〇〇年、清国に「保清滅洋」の旗を掲げた義和団の暴動が勃発して、北京の各国公使館を襲い、ために各国連合軍の出兵を見て、いわゆる北清事変となったのであるが、このときの日本軍将士の勇戦奮闘はますます日本の国威を世界に発揚したのである。しかるに、この間にロシアは次第に朝鮮の内政に干渉をはじめたので、日本はしばしばこれと談判を重ね、朝鮮（一八九七年韓国と改称）の保護に当たった。しかし、ロシアの横暴はますます甚だしくなり、北清事変に際しては満洲に大兵を送って清国を脅かすとともに、再び韓国の独立を危うくするに至り、しばしば日本が反省を促したるにもかかわらず、いよいよ兵力を増加し、かえって日本をも圧迫するに至った。ここにおいて日本は、清、韓両国の保全と東洋平和維持のため、遂にロシアに対して宣戦を布告し、明治三十七、八（一九〇四、五）年の日露戦争が起こることになった。

日露開戦するや、遼東半島の一地点（貔子窩西方の猴児石）に上陸した日本の第二軍は、旅順方面の攻囲を第三軍に譲って、漸次北進するに当たり、ロシア軍の遺棄せる僅少の貨車を鉄路上に手押しで、軍需品、糧食等の運搬をした。これが日本の南満支線利用の嚆矢である。

一方、韓国にあった日本の第一軍は鴨緑江を渡り、対岸安東県に上陸し、進んで鳳凰城を占領した後、糧食、軍需品輸送のため、安東県を起点とし遼陽に至る軽便鉄道の敷設を計画した。一九〇四年八月まず臨時鉄道大隊をして安東・鳳凰城間の鉄道敷設に着手せしめ、翌年二月さらに鳳凰城・下馬塘間の工事を終え、次いで同年四月当初の計画を改めて奉天に向かわしむることとし、鋭意工事を急ぎ、十二月に竣工、ここに安東・奉天間一八〇余マイルの開通を見た。本線路は作戦上兵馬倥偬の間に急遽仮設したものであるから、その線路は蜿々曲折して、山腹を縫い、渓谷を上下し、運転はすこぶる困難を極めた。

(イ)延長　一八八マイル　(ロ)軌間　二呎六吋　(ハ)機関車　一三トンおよび一七トン　(ニ)貨車　二トンおよび五トン　(ホ)軌条一八ないし二五ポンド　(ヘ)最急勾配　三〇分の一

南満洲鉄道株式会社の創立

明治三十七、八（一九〇四、五）年における十万同胞の流血と二十億の国帑を犠牲にした日露の大戦は、わが国の大勝利に終わったが、わが国は当時のアメリカ大統領ルーズベルトの招請によって、外務大臣小村寿太郎侯爵をポーツマスへ派遣してロシア全権ウイッテ伯爵と会談させた。そして明治三十八（一九〇五）年九月五日に日露講和条約が締結され、日本は南樺太および北洋漁業権を獲得したほか、関東州の租借権並びに東清鉄道南満洲支線としてロシアが建設経営していた長春以南の南満支線およびそれに付属する各種権益の譲渡を約束させた。

日露講和条約中の満鉄関係条文を掲げると次のとおりである。

日露講和条約

第五条　ロシア帝国政府は清国政府の承諾を以て旅順口、大連並に其の附近の領土及領水の租借権及該租借権に関聯し又はその一部を組成する一切の権利、特権及譲与を日本帝国政府に移転譲渡す。

ロシア帝国政府は又前記租借権が其の効力を及ぼす地域に於ける一切の公共営造物及財産を日本

帝国政府に移転譲渡す
両締約国は前記規定に係る清国政府の承諾を得べきことを互に約す
日本帝国政府に於ては前記地域におけるロシア帝国臣民の財産権が完全に尊重せらるべきことを約す
第六条　ロシア帝国政府は、長春（寛城子）旅順口間の鉄道及其の一切の支線並に同地方において之れに附属する一切の権利、特権及財産及同地において該鉄道に属し又は其の利益のために経営せらるる一切の炭坑を補償を受くることなく且つ清国政府の承諾を以て日本帝国政府に移転譲渡すべきことを約す
両締約国は前記規定に係る清国政府の承諾を得べきことを互に約す

日露講和談判の際、南満支線の北端いずれの地を日露間の境界となすべきかが問題となり、小村全権が南満支線の全部すなわちハルビン以南を要求せるに対し、ロシア側は日本軍の占領せる地域内の鉄道のみを譲渡せんと主張した。折衝の結果、寛城子をもって境界駅となすことに落着し、かつ日本はハルビン・寛城子間鉄道を譲渡せる代償として、ロシアがかねて清国政府より獲得せる東清鉄道南満支線の有力なる培養予定線吉長鉄道（寛城子・吉林間）の敷設権を獲得した。

以上の諸権益はいずれも清国政府の承諾を得ることを条件としたため、ポーツマスから帰朝した小村寿太郎侯爵は病軀を押し急拠特命大使として清国に赴き、慶親王、瞿鴻禨、袁世凱等と折衝し、明治三十八（一九〇五）年十二月二十二日、日清満洲善後条約を締結した。これによって清国政府をして、日本が日露講和条約第五条および第六条によって得た権益の譲渡を承諾せしめ、また付属協約を結び、

明治40年頃の満鉄本社

清国をして、日本が安奉鉄道を各国商工業の貨物運搬用に改良、引き続き経営することを承認せしめた。

(1) 会社設立に関する勅令

そして日本政府は明治三十三（一九〇〇）年九月発布の法律第八七号（帝国臣民にして外国に於て鉄道を敷設し運輸業を営むために帝国内に設立する会社に付ては勅令を以て特別の規定を設くるを得る件）に準拠し、明治三十九（一九〇六）年六月七日勅令第一四二号をもって「南満洲鉄道株式会社設立に関する件」を制定公布した。

会社設立の条文中主なる条項をあげれば次のとおりである。

第一条　政府は南満洲鉄道株式会社を設立せしめ満洲地方に於て鉄道運輸業を営ましむ

第二条　会社の株式は総て記名となし日清両国政府及日清両国人に限り之れを所有することを得

満鉄本社（昭和９年頃）

第三条　日本政府は満洲に於ける鉄道其の所属財産及炭坑を以て其の出資に充つることを得

第四条　会社は新に募集する株式総額を数回に分って募集することを得

但し第一回募集額は総額の五分の一を下ることを得ず

第五条　株金の第一回の払込金額は株の十分の一まで下ることを得

第九条　総裁、副総裁は勅裁を経て政府之れを命じ其の任期は五箇年とす

当時本鉄道の経営に関しては、国家経営、会社経営等、種々の論議があったが、結局株式会社をしてその経営に当たらしむることになった。そして会社の性質については、これを商事会社なりとし、あるいは植民地会社あるいは株式国家なりとして、世論区々であったが、遂に株式会社組織を採り、資本は政府および民間において各半額を持つこととなった。それで会社は、半官半民制が示

すごとく、満洲における特殊使命を帯びるものであった。

明治三十九（一九〇六）年七月十三日、時の陸軍参謀総長児玉源太郎大将を委員長とする八〇名の設立委員が任命され、同年八月一日には逓信、外務、大蔵三大臣より秘鉄第一四号をもって会社の組織並びに監督に関する根本的命令書が公布された。

(2) 会社の業務等に関する命令

その内容は主として勅令第一四二号を具体化したもので、要領は次のとおりである。
第一条　其社は明治三十八年十二月二十二日調印の満洲に関する日清条約附属協約に依り左記鉄道の運輸業を営むべし（総哩数　六七七・七七）
一　大連・長春間鉄道
一　南関嶺・旅順間鉄道
一　大房身・柳樹屯間鉄道
一　大石橋・営口間鉄道
一　煙台・煙台炭坑間鉄道
一　蘇家屯・撫順間鉄道
一　奉天・安東県間鉄道
第二条　前条の鉄道は会社の営業開始の日より起算して満三箇年以内に四呎八吋半の軌間に改築すべし
大連・長春間鉄道の内大連・蘇家屯間は複線となすべし

第三条　其社は沿道主要の停車場に旅客の宿泊、食事及貨物の貯蔵に必要なる諸般の設備をなすべし

線路の港湾に達する地点に於て水陸運輸の連絡に必要なる設備をなすべし

第四条　其社は鉄道の便益のため左の附帯事業を営むことを得

一　礦業殊に撫順及煙台の炭坑採掘

一　水運業

一　電気業

一　倉庫業

一　鉄道附属地に於ける土地及家屋の経営

一　其他政府の許可を受けたる営業

第五条　其社は政府の認可を受け鉄道及附帯事業の用地内に於ける土木、教育、衛生に関し必要なる施設をなすべし

第六条　前条の経営を支弁するため其社は政府の認可を受け鉄道及附帯事業の用地内の居住民に対し手数料を徴収し其の他必要なる費用の分賦をなすことを得

第七条　其社の資本総額を二億円とし其の内一億円は帝国政府の出資とす

各株式の金額を百円とす

第八条　前条政府の出資は左の財産より成るものとす

一　既成の鉄道

一　其の鉄道に附属せる一切の財産　但し租借地内の財産にして政府の指定するものは之れを

除く
一　撫順及煙台の炭坑
第九条　政府に於て現在使用する車輛並に奉天・安東県間軽便鉄道の軌条及附属品は相当価格を以て之れを其社に売渡すべし
以上のほか、株主を日清両国人に限ること、創立後十五カ年を限り日本政府において年六分の利益配当を保証すること、および社債等万般に関する事柄を規定し、全文二十六条より成っている。

(3)　会社設立事務

これより先、設立委員長児玉源太郎大将は七月二十四日急逝したので、翌日陸軍大臣寺内正毅が委員長に任ぜられた。八月十日貴族院内に設立委員事務所を設けるとともに、同日華族会館に第一回委員総会を開き、外務大臣林董、大蔵大臣阪谷芳郎、逓信大臣山県伊三郎等これに参加して、事務章程案および委員会議事規則案、常務委員、定款調査委員および工事費概算委員を決定し、着々と設立準備事務の進捗を図った。同月十八日定款の認可を得、九月十日第一回民間株式の募集を開始し、十月五日非常な好況裡にこれを締め切り、十一月一日逓信大臣に設立許可を申請して即日許可を得た。

次いで明治三十九（一九〇六）年十一月十三日、初代総裁後藤新平の任命、十一月二十六日の創立総会等を経て、翌十一月二十七日、本社を東京市麻布区狸穴町四番地に設置し、会社は設立委員長より一切の事務および財産目録の引き継ぎを受け、十二月七日設立登記を終え、ここに南満洲鉄道株式会社は完全に設立されたのである。

翌明治四十（一九〇七）年三月五日勅令第二二号をもって、本社を大連に移転、支社を東京に置くことなり、四月一日大連市児玉町に本社事務所を設置し、日露戦争中より野戦提理部の管下にあった鉄道その他の引き継ぎを受けて業務を開始した。その後、本社は大連市東公園町に移転した。

欧米出張記録

（特別急行列車用客車の構造および空気調整装置の調査研究のため欧米へ出張して帰社するまで）

昭和七（一九三二）年三月一日満洲国が建国され、満洲の躍進的発展に伴って列国使臣の訪問が頻繁となり、また商業的にも日本をはじめ諸外国からの往来が繁くなったので、満洲の表玄関大連港から首都新京への旅行者をして、快適に、しかも快速に旅行目的を達成させるため、南満州鉄道株式会社（以下満鉄と略称）においては、大連・新京間に特別急行列車の運行を計っていた。

昭和八（一九三三）年一月十四日、満鉄は鉄道部各課において、その所管事務に関し、昭和八年度に実施すべき「工夫改良すべき項目」を決定し、翌十五日までに提出することになった。そして、そのうち車両に関しては次の研究項目を提出した。

一　客車座席のスプリングの研究改良
二　客車の室内湿潤装置に関する研究
三　客車冷房装置に関する研究

前記第一項に関しては、強、中、弱三種のスプリングを装置した座席を製作し、それを会社内の廊下に設置して多数社員に腰掛けてもらって、スプリングの強度が身体に及ぼす快、不快の程度をその人々の体重とともに記入してもらい、その統計に基づいてスプリングの強度を決定することにした。

また第二項及第三項に対しては、空気調整装置（Air Conditioning）に関する研究を始めた。

(1) 特別急行列車の新造計画決定

昭和八(一九三三)年七月二十日、大連と新京との間に、各車両に空気調整装置を設備した特別急行列車を四個列車建造することになった。この列車新造の計画は急速に進められ、予算書もでき上がったが、その額は莫大なものとなったので、この予算が果たして通過するかどうか気遣われた。というのは、ここ数年来不況つづきのため新造車両などは予想もできなかったからである。

ところが八月二十三日に、他の予算と切り離して、この特別急行列車の建造が重役会議にかけられて、全会一致をもって通過し、新造が決定した。この予算が通過して、このような最新式の車両を建造することになったことは、満鉄創立以来初めてのことであったため、車両設計にたずさわる技術者にとっては一大福音であった。そこで、まず一般設計図だけでも早急に作成すべく、設計者一同いっせいに設計製図にとりかかったのである。

(2) 欧米出張発令から横浜出港まで

その当時、私は満鉄鉄道部の車両設計の主任技師であったが、八月二十五日付で「急行列車用客車の構造および空気調整装置の調査研究のためアメリカへ出張を命ず」という辞令を受けとった。その際、特に八田嘉明副総裁から、「世界一の列車を設計してもらいたい。ついては現在アメリカ、ヨーロッパ各国で運行している列車をよく調べ、それ以上優秀豪華な列車を設計製作するよう心得てもらいたい」と望まれた。しかも満洲の情勢から、一日も早く建造する必要があるので早急に出発するように、との命令があった。

当時はまだ航空路のない時代で、汽船によるしかなかったため、アメリカ行きの汽船を調べたところ、九月十四日浅間丸、九月二十六日大洋丸がいずれも横浜港出帆とわかった。

まず第一に必要なものは旅券であるが、旅券下付願に要する戸籍謄本を電報で郷里の市役所から取り寄せる日数を見なければならず、またアメリカにおける空気調整装置の製造会社への説明に必要な車両構造図の作成のため、九月十四日の浅間丸には到底間に合わぬので、九月二十六日出帆の大洋丸に決めた。

旅券は九月五日付で下付され、九月七日付をもってアメリカおよびイギリス領事の査証もつつがなく済んだ。満鉄総裁および鉄道部長からの紹介状、それに大連駐在のアメリカ領事からの紹介状もいただいた。

特別急行列車の設計一般図は九月十日に完成し、私はアメリカへ出張の辞令を受けてから十七日目の九月十一日に、大阪商船会社の香港丸で大連港を出帆、上京した。

香港丸は九月十三日門司港に着いた。岡山駅経由、四国へ渡り、香川県琴平町の金刀比羅神社に詣でてアメリカへの海上平安を祈願。

九月十七日大阪着。大阪滞在中は神戸製鋼所、日本エヤーブレーキ、東洋キャリヤー、住友製鋼所、住友伸銅所、汽車製造会社等を訪問し、また、これらの会社から来訪の方々に今回満鉄において建造を計画した特別急行列車に関する説明をして、この列車の部品製作に協力してくれるよう頼んだ。

その後、東京に滞在中は、鉄道省の関係部門、東洋キャリヤー、S・K・F東京支社、小糸製作所等を訪ねて、満鉄が計画した特別急行列車について説明した。

私は、客車の防寒、防暑、保温を考慮して、客車を一個の魔法瓶のように建造したいと思っていた。

たまたま当時、私はドイツの技術誌を読んで、魔法瓶にアルフォイル(アルミニウム箔)という絶縁材が使用されていることを見出した。しかし、この絶縁材はドイツにおいて特許になっていて、日本ではまだ製造されていなかったので、大阪に寄って住友製鋼所および住友伸銅所の幹部を訪ねた際、アルフォイルの生産を勧めたが、ドイツに特許権料を払って日本で製造しても、需要が少ないだろうといわれて、私の希望は不成功に終わった。

九月二十六日(火)

私は横浜水上警察署へ出頭して旅券に査証してもらった。

午後一時三十分、日本郵船の大洋丸に乗船。私の船室は二〇九号室であった。

午後三時、横浜港を出帆。一等船客は日本人九名(うち四名はホノルルまで)外国人八名であった。

(3) 大洋丸でアメリカへ

九月二十七日(水)

午前六時三十分に目覚めると同時にドアをノックする音。ボーイが紅茶を持ってきたのである。今日から時計の針を毎日三十分ずつ進めなければならぬ。

ぼつぼつ空気調整装置の研究を始めたが、船はよく揺れた。

九月三十日(土)

午前十時、汽笛の合図で一等船客全員A甲板に集合し、各自救命袋を身につけボート下ろしの準備をするなど、船員の指導のもとに非常時に対する演習をした。午後は空気調整装置に関する研究。

十月一日(日)

ボーイにドアをノックされて目を覚ました。朝食にはエキストラとして味噌汁と数の子が出る。海上しごく平穏で、鏡の上を滑り進むようである。午前中はデッキゴルフで時間を費し、午後は大連や横浜埠頭で見送ってくれた方々へ葉書をたくさん書いて船内のポストに投函した。晩餐にはエキストラとして握り寿司が出た。まことに喜ばしかったが、味の方は大したことはなかった。餅は餅屋という言葉の通り、寿司はやはり寿司屋に頼まないと駄目。

十月二日（月）―A

午後六時三十分から、B甲板に日本畳を敷いた上で、一等船客のすき焼き会が始まる。私は自分のテーブルへキング・オブ・キングスを一本提供した。アメリカ人化学者の夫人は、ウイスキーに酔っての上か、あるいは茶目っけからか、日本式にお盆の上に爪楊枝をのせて各テーブルへ持ち回り挨拶した。その夫人のことが、今日の昼、われわれ日本人乗客の間で話題になり、何歳だろうということになった。私は二十四、五歳だといったが、他の二人は三十歳以上だという。結局ウイスキーを賭けることになった。そんなことがあったため、今晩その夫人に私から、今日の昼われわれの間で話題になったことを話したところが、彼女曰く、「私の母のいうには二十七歳だとのことです。あなたにウイスキー二杯ご馳走します」といってお酌をしてくれた。こんなこともあって、すき焼き会は一きわ賑わった。

第二次会はスモーキング・ルームで開かれ、私は満洲事変とその後の満洲の情勢について話をしたが、皆さん興味をもって聞いてくれた。

十月二日（月）―B

午前中はデッキゴルフで過ごし、午後はアメリカ大陸の地図を広げて案内書を読みながら、アメリカ本土に上陸後、サンフランシスコからニューヨークまでの通過路線についてどのルートを選ぶべきかを研究した。
夕食にはエキストラとして栗飯に蛤の吸物が出たので、外国旅行をしているとは思えなかった。しかも海上波静かで、これほど結構なことはない。午後八時三十分から映画「木曽路の鴉」があったが、人情味豊かで面白かった。
本日の正午現在
緯度二七　四八N　経度一七二　〇九W
横浜から二、五一七マイル　ホノルルまで八八三マイル
天気晴　気圧七六五・三　温度　空気二七度　海二六度

十月四日（水）

午前中は日本人一等船客がスモーキング・ルームに集まって雑談したが、次から次へと家庭生活に関する種々な議論経験談が続出した。午後は知人あての挨拶の葉書を書いた。大洋丸の事務室で二百円だけ米ドルに両替してもらったところ、五四・五ドルとなった。

十月五日（木）

午前四時三十分に目覚めた。六時三十分にホノルル着ということだから、もう寝ていられない。船窓から外を眺めると、まだ夜は明けていない。灯台の光が点滅している。ハワイ八島のいずれかは知らぬが、火山らしく噴火で赤い。六時三十分定時に大洋丸はホノルル港に着いて、検疫官と入国取調官が来た。
七時三十分朝食をすませて上陸。私たち船客三人でアアラという日系アメリカ人経営のタクシーを

雇って市内見物に出る。

（ホノルル寄港）

カメハメハ一世銅像

キング街のハワイ県裁判所の前庭にある。キャプテン・クックのハワイ発見記念百年祭の折にカラカウア王によって建立されたものである。銅像はイタリアのフローレンスで鋳造された。カメハメハ王はハワイ全島を統一してカメハメハ王朝を建立した酋長である。星移って、今日、金色眩ゆい英雄の像を仰ぐとき、そぞろに在りし昔が偲ばれて感慨無量。

ダイヤモンド・ヘッド

ダイヤモンド・ヘッドは古い噴火口の跡で、今はアメリカ陸軍オアフ要塞の一つとなっている。自動車道路の側にピットがあり、それから間道で要塞に達するため、そのピットの前で自動車をとめることは厳禁されていると聞いた。大砲は十六インチ砲が設置されていると案内者が説明していた。ハワイ大学、太平洋学校、オアフ・カレッジ、本派本願寺別院、帝国総領事館、石鎚神社、稲荷神社、カメハメハ一世の墓を車中から次々と眺めながら、ヌアヌパリに向った。

モアナ・ルア公園（一名デーモン公園）

市を西北へ四マイルの地点で、日本びいきのデーモン氏の私設公園である。日露戦争の際、デーモン氏は日本が勝つという賭けをして金を儲けたのだと案内人は説明していた。さまざまの熱帯樹の茂みや広々とした緑の芝生、涼しい流れ、さては珍奇とりどりの花の色、まことに天涯の楽園である。私は見なかったが、純日本式の庭園に気のきいた母家をとりかこんで池や築山があるそうだ。

ホノルル停車場

オアフ鉄道と称し、ホノルルからマクアに至る海岸線で、海水浴客を呼ぶような宣伝ポスターが駅舎の壁に貼られているが、現今では自動車に乗客をとられてほとんど農産物のみを輸送しているという。駅に貨車があったので私はこれを調査した。軌間三呎二吋。容量六、〇〇〇ポンドの木造車、空気制動装置、ダイヤモンド・アーチバー・トラック、車輪チルド二十四インチ、連結器ジャニー高さ二十二インチ。有蓋貨車の屋根はパーマネント・ルーフィング・キャンバスと波型トタン板とあり。何ら見る価値なしであった。

これらの見物に要したタクシーへの支払いは十ドルであった。

ハワイでは、人を送るとき、または迎えるとき、花輪を贈る習慣がある。夕刻の出帆前になると、花のネックレスをした船客がぽつぽつ見えた。今朝われわれの仲間からハワイへ上陸赴任したハワイ本願寺別院の足利総長が私どもも仲間にネックレスを贈られ、サンフランシスコ上陸の一同首に飾った。

（サンフランシスコまでの船内）

十月六日（金）

午前中はスモーキング・ルームで漫談で過ごし、そのあとデッキゴルフを楽しんだ。昼食後は室に引きこもって空気調整装置の研究。夕食の際、昨日ホノルルで買い求めたパインアップルとマンゴーを食べたが、マンゴーの美味は忘れられない。夜は「彼女へのタックル」という日本版の映画があった。

Ｓ・Ｋ・Ｆのガストン氏から次のような電報を受け取った。

Report received Comfirms Union Pacific Moterrail train SKF equipped greetings Guston

十月七日（土）

給仕に起こされて目覚めたが、船は大層揺れていた。朝食後、デッキ散歩のあと、スモーキング・ルームで船客二名と事務長、それに私の四名で麻雀を始めたが、船客の一人は船がひどく揺れるため室へ帰った。それもそのはず、隣のテーブルでは船長、機関長、ドクター、一等運転士が麻雀をやっていたが、船の動揺があまりにも激しいため船長の椅子が倒れて、船長は大尻もちをついた。朝食や午餐にも食堂に現われぬ船客もある。午後は自分の室で雑誌を読んだり空気調整装置の研究。晩餐にはエキストラに鰆の照焼と茶碗むしが出た。大層うまかった。夜はまた空気調整装置の研究。今晩は船がひどく揺れるため余興の催しなし。風があり、室の温度も下ったので、キャビンの窓を閉めチョッキを着る。入浴しても汗はかかなかった。

十月九日（月）

十一日にはサンフランシスコに着くというので、船客はもう、今にも着くような気分になり、そわそわしている。私は鎌倉にいる留守家族と岳父あてに電報を発信した。「ヘイオン、スコブルゲンキ、イ」電信料はいずれも八十銭。

横浜を出航してホノルルへ着くまでは、毎日暑い暑いといっていたのだが、今日などは寒暖計の示すごとく涼しくなったため、午後五時三十分入浴後、夏服から冬服に着かえた。

十月十日（火）

風強く船はよく揺れた。

午後四時から、一等機関士の案内で大洋丸の機関部およびボイラー部を、一等運転士の案内で甲板部を見学したが、二時間かかって午後六時に終わった。本船の排水トン数二二、〇〇〇トン、総トン数一四、四五七・五トン、登録トン数八、五二三・四トン、五、〇〇〇馬力蒸気機関二基、ボイラーはオイルバーナーを使用する。甲板数七層、船の長さ五六一フィート、幅六五・二五フィート、深さ三四・七五フィート、旅客定員はキャビン一八四名、ツーリスト一三五名、三等四三四名、合計七五三名。

今晩はサヨナラ・ディナーがあるので食堂に入って見ると、食堂のまん中の天井には大きいゴム風船が十数個束ねて吊されている。それはあたかも美しい果実のように見える。それを中心として色とりどりのテープが周囲に引かれており、また天井の所々に日傘に桜の造花をぶらさげて室を飾り、テーブルの上にはボンボリの明かりをつけてある。船客は菊花を胸につけ、紙製の帽子をかぶり、クラッカーの音をたてながら食堂に集まった。大変なご馳走であったが、それにもかかわらず、どうしたことか酒は出されていなかった。アメリカでは現在禁酒法令がしかれているためか、あるいはこの船がすでにアメリカの領海内に入っている関係からかも知れぬ。私は食堂へ出る前に自分の室で一人サヨナラ・ウイスキーをやっていたので、ちょうどいい具合だった。テーブルの上には、船客に贈られる乗船記念の一輪ざし、大洋丸の絵葉書、N・Y・K・LINEと染めた三角旗があった。私はエキストラを注文して鯛の塩焼と赤飯をとった。

十月十一日（水）

日本行き郵便物は正午まで受け付けるというので、私は満鉄本社へホノルル鉄道の貨車の構造を通信し、列車点灯用発電機および蓄電池の仕様書を、満鉄ニューヨーク事務所気付にて送付方を依頼する書面を投函した。

大洋丸は午後一時、サンフランシスコ港に到着して検疫官が乗り込んできた。しかし直ちにわれわれの前には現われない。

われわれ一等船客はサルーンで待っていたが、一時三十分に検疫官がやってきた。一通り顔を視て行っただけで、しごく簡単にパスする。次に来るのは移民官だが、三十分ほど間があるというので、私はB甲板に上ってサンフランシスコの光景を眺めた。そのとき船はすでに投錨していた。

サンフランシスコの日本新聞「北米朝日」の記者村山有氏が訪ねてきて、自分は満洲へ行ったことがあり、そのとき満鉄の山崎理事にお世話になりましたという。私の旅行の目的などを尋ねるので、私はスモーキング・ルームへ招いて私の渡米の目的を話し、また満洲問題について談じた。そこへ給仕がきて、パスポートの調べがあるからサルーンに来られたいという。村山氏とともにサルーンに行き、満洲の話を続けた。そのとき三井物産サンフランシスコ支店の関喬一郎氏が出迎えにきてくれた。

移民官の前にいたアメリカ人の相当年令の婦人が、市原さんと日本語で呼んだので、行ってみるとパスポートの検査であった。アメリカにおける滞在期間および滞在地をたずねたので、私は満鉄総裁および大連駐在アメリカ領事の紹介状があることを話すと、それを見せて下さいという。なかなか日本語が達者である。満鉄総裁の紹介状だけは移民官がもらっておくといって収めた。その紹介状は次のようであった。

SOUTH MANCHURIA RAILWAY COMPANY
DAIREN, SEPTEMBER 5TH, 1933.

To Whom It May Concern,

This serves to introduce to you Mr. Yoshizumi Ichihara, an official of the Railway Department of this Company, who has been ordered abroad for the purpose of studying the air-conditioning of the railway car in Europe and America.

Any facilities and attentions that you might be able to accord him will highly be appreciated and reciprocated by.

Hirotaro Hayashi
President.

午後三時、サンフランシスコに上陸。ピアーは大連港のような立派なのは珍しいのではないかも知れぬと思った。横浜も、ホノルルも、サンフランシスコも同じだ。上陸したところには倉庫があるのみ。旅客の手荷物は倉庫の前にアルファベット順に並べられていた。私の手荷物に対する税関吏の検査はしごく簡単に終わった。

三菱商事サンフランシスコ支店の山下進氏、サザン・パシフィック鉄道の栗原氏が出迎えてくれる。

(4) アメリカにおける調査
（サンフランシスコ）

三井物産の自動車でホテル・ヤマトへ行く。ホテルへ同行してくれた栗原氏が、今は旅客が少なくてホテルは不景気だから、室料は値切るべしと教えてくれたので、バス付き室代三ドル五十セントのところを三ドルに負けさせ、私は三〇八号室に宿泊することになった。

午後四時三十分から三井物産の自動車で市中見物に出た。商店街は美しい。ゴールデンゲート・

パークもよい。ツイン・ヒルから眺めた市街は広い。折り悪しく霧があって対岸のオークランド市街は見えなかった。サンフランシスコとオークランドの間に橋梁が架けられるので、少しだけ工事に取りかかっているようである。

午後六時ごろホテル・ヤマトへ戻ったところ、外出中に三菱商事支店長の那須武三郎氏が訪ねてくれたことを知った。また三井物産支店の内田氏が私を待っていてくれて、ホテルで夕食を共にし、食後は内田氏からアメリカにおける小学校から大学までの教育に関する話を聞いた。

十月十二日（木）

目覚めたとき、ホテルの向側にある教会の鐘が五時を知らせていた。私はまた眠ったが、今度目覚めたのは七時二十分だった。八時三十分ごろサザン・パシフィック鉄道の栗原氏が訪ねてくれたので、満鉄鉄道部長からの紹介状を手交し、同鉄道のフリー・パス発行の手続を頼んでおいた。

今日はコロンブスがアメリカ大陸を発見した記念日であるため、どこの大会社も休業だった。ホテルからよく見える摩天楼ルス・ビルディングはアメリカ西部で一番高大な建築であるといわれている。三〇階建で、全部で一六のエレベーターが上下している。地下室は四〇〇台の自動車を収容するガレージとなっている。一八五〇年にルス氏がこの土地をわずか二七ドル五〇セントで購入したそうであるが、現在では時価二五〇〇万ドルといわれている。

十月十三日（金）

午前十時、マーケット・エキスチェンジ・ビルにある三井物産支店を訪ね、まず関氏に会い、一昨日の好意に対して礼を述べ、内田氏に面会、同様謝辞を呈した。それから支店長小林虎之助氏に挨拶をすませた。続いてサザン・パシフィック鉄道を訪ね、まず技師長に面会したあと、機械部のデイリー氏に会い、列車冷房について質問した。デイリー氏の説明によると、プルマン式を一九三二年および一九三三年の夏に食堂車十四両に採用した。一九三二年夏は故障が相当あったが、プルマン会社が無償で修理をしてくれた。故障を起こしたのはコンプレッサー・バルブの故障と冷媒の漏洩であった。コンデンサーは大きく改造してよくなった。それで本(一九三三)年夏はうまくいった。昨年コンプレッサーに故障の生じた際はそのままにした。窓はあけると砂塵が侵入するから閉めておいた。扇風機は設備していなかったため、室内は暑かったが仕方がなかった。冷媒のフレオンは一両当り五〇―五五ポンドを要し、アメリカでは一ポンド約八五セントである。

デイリー氏には記念として日本製の絹ハンカチーフ二枚と満鉄案内記を贈った。当時アメリカにおいては、日本の絹はピュア・シルクと称して大層珍重されていたので、私は日本を出発する際アメリカ人へのお土産として荷物にならない絹ハンカチーフをたくさん買い求めておいたのである。

ホテル・ヤマトへ戻って間もなく、サザン・パシフィック鉄道の栗原氏が来訪し、サンフランシスコからニューオーリンズまでの鉄道パスを届けてくれた。

夕食はホテル食堂で、すき焼きにアメリカのビール(禁酒法令があったが、アルコール分の少ない特殊のビールは許されていた)と密造日本酒を飲む。

北米朝日新聞社から、私に関する次のような邦文と英文の記事が掲載された新聞を届けてくれた。

昭和八年十月十三日　北米朝日第六四八号

超スピード　世界第一超特急車

「満鉄」着々進む―その実現へ―

大洋丸で渡米した満鉄技師市原善積氏は、新京大連間の超特急列車を明年九月十五日から設けるために視察に来たが、左のごとく語る。

満洲に世界一の鉄道を作る目的で来ました。兎に角大連新京間を七時間に短縮するのと、冷房設備の二つの研究です。こちらのユニオン・パシフィックで今冬から優良車が出来るそうですが、勿論それ以上の物をつくる考えです。いややろうと思ったら出来ます。客車改良から始めて、スピードアップが最大目的です。まだ東支鉄道は下らない事をぐずぐずやっており、相当に逆宣伝も飛んでいるが別に報道されている程の事はありません。

満洲国は非常な勢いで国力伸張を見せているが、ことに新京の如きは人口が急激な増加を示し、市としてはまれに困難を感じている有様です。満洲国を一ヶ月と離れると状勢がまるで変わる訳です。馬賊なんかシカゴのギャングよりすくないのでそう心配した程の事はありません……

と、元気で抱負を語っていた。

午後七時四十分、サンフランシスコ第三街駅発の列車でロサンゼルスに向かう。私の座席はプライベート・セクションAであった。この車両はサザン・パシフィック鉄道がごく最近建造したというだけあって、なかなかうまく設計されている。隣には専用の便所、洗面所が設けてあり、カーテンで仕切られている。

十月十四日（土）

午前七時三十分ごろ目覚めて洗面し、列車最後部にある食堂車へ行った。この車両は食堂と展望を兼ねたもので、私が入ったとき食卓は満員（一六人分）だったので、展望室のチェアでしばらく待たされた。列車は相当の速度で走っているが、初めての地方のため一向に見当がつかない。窓外を眺むれば果樹園と広い畑が続いている。高粱も見えた。満洲で見るような驢馬もいた。

私が占領しているプライベート・セクションのスケッチをして今後何らかの参考とすることにした。

今日はロサンゼルスのオリンピック・スタジアムでフットボールのマッチがあるというので乗客が多い。列車は午前十時五十分ロサンゼルス着の予定だが、その時刻になっても、なかなか到着しない。アメリカの列車はよく遅れるということはかねてから聞いてはいたが、かくまでとは思わず、初めての旅行者としてはただ時計を見て到着を待つだけだから全く閉口だ。十一時五十分にようやく到着した。


〈ロサンゼルス〉


駅には都ホテルのポーターが出迎えてくれた。このホテルはロサンゼルスにおける日系人経営ホテルのナンバーワンである由。ホテルのフロントの話では、キャリア会社のポルダーマン氏が先刻私に電話をかけてきたという。早速ポルダーマン氏へ電話をかけてみたが、今日は土曜日のため正午までの勤務で、すでに会社にはいなかった。

昼食をすませてから散歩のつもりでリンコルン公園へ行った。熱帯植物もあるが、ホノルルとは気候がよほど相違するとみえて、バナナなどは貧弱なのが生っていた。植物園、動物園もあった。動物の飼育係の男が虎の子に紐をつけて歩いている。あたかも犬を連れて散歩しているようだ。ライオン、虎、豹、象など興行に使われるものもいた。

夕方、ホテルの向かいにあるヴェニヤー・カフェーでビールを飲んでいたら、相当年令の日本婦人が来て、ウエイトレスに化粧品を売っている。その婦人は俳優上山草人氏の夫人だとのこと。

夜、ポルダーマン氏から電話がかかってきたので、月曜日の午前十時に面会する約束をした。

ロサンゼルスは一九三〇年における人口一二五万、気候は一年を通して日本の春と夏くらいだという。市の南方にあるサンペドロを同市の港ときめ、数千ドルの巨費を投じてロサンゼルス港を開設したという。ロサンゼルスはその名の示す通り「天使の町」である。風土気候に恵まれたこの土地にはふさわしい名である。

十月十五日（日）

午前、ホテルを出てブロードウェーを散歩した。今日は日曜日のため自動車の数も少ない。店舗は閉めているものが多い。ホテルへ戻って空気調整装置の書物を読んでいるところへ、ツーリスト・ビューローの栗田氏が訪ねてくれて、午後三時から同氏の案内で、ロサンゼルスから約十五マイルのエルモンテ村にあるライオン・ファーム（ライオン飼養園）を見物に行った。もと南アフリカから連れてきた三頭のライオンをだんだんふやして飼育し、現在では二三〇頭いるという。生後二カ月の赤ちゃんライオンが飼育係に牛乳を飲ませてもらっているのを見ると、人間と同じで、全く可愛らしいものである。生後二年くらいになると相当大きいので、恐れをなす。最年長のライオンは約八〇頭いて、親になっていると聞いた。映画に現われるライオンはいずれもここで撮るのだといっていたが、ここには映画用のセットがたくさん置いてあるのが見うけられた。

午後九時からホテルの事務員夫婦の案内でメキシコ人街の夜店を見物に行く。メキシコ人の容貌が私には日本人によく似ていると思われた。ホテル事務員の説明では、メキシコ人は日本人を尊敬しており、日本人と結婚を希望しているとか、また日本人医師を心から信頼していると。夜店に並べられた人形は極めて幼稚なものばかり。瓢で作ったもの、皮革製品、牛骨製品、メキシコ独特の帽子などが目についた。ハローというメキシコ人が、よく映画で見るシザース・ウォーク（はさみで紙を切って種々な形を作る）をやっているので、メキシコ人街見物記念に私の顔を作らせた。

十月十六日（月）

午前十時、ロサンゼルスのキャリア・エンジニアリング会社の副社長ポルダーマン氏が、ニューアークのキャリア・エンジニアリング会社の副社長と共にホテルへ訪ねてくれた。私はちょうど空気調整装置の新刊書をパーラーで読んでいたので、早速エアー・クールの問題に入った。そして両氏の案内で、キャリア・スチーム・エゼクター・システムを設備してあるアチソン・トペカ・エンド・サンタフェ鉄道へ視察に行った。その鉄道の技師コール氏の案内で空気調整装置を設備した車両を見せてもらった。

この鉄道では総計二十三両のエアー・クール車があり、製造家はセーフティー・カー・ヒーティング・エンド・ライティング会社で、キャリア・システムである。設備してある車両はすべて食堂車である。私の記憶には一九三〇年夏から使用したとあったが、コール氏の説明では一九三二年五月から設備したとのことであった。故障した個所を聞いたところ、電動機のコンミュテーターが焼けただけで、その他何ら故障はないといって車両につり下げてあるカードを見せてくれた。新しい空気を入れるところのスクリーンは一カ月に一回清掃するだけだという。電動機以外の故障としてはポンプのパッキングがだめになったくらいだとのこと。

プレ・クリーニングをやっている食堂車があったので見たが、蒸気は構内の蒸気管から取っていた。食堂内のゲージを調べると、主管の蒸気は一一五ポンド／平方インチで、スチーム・エゼクターにおける圧力は五五ポンド／平方インチであった。室内の温度は七八度F。窓は二重窓でウインド・サッシは木製であるが、ガイドはすべて鋼製である。車体はもちろん全鋼製である。

なおコール氏は、同鉄道で最も優秀な列車「チーフ」に連結する客車を見せてくれた。全鋼製であり、車内には化粧室のドアが木製になっている。ウインド・サッシは砲金製である。シャワーバスも設備してあった。天井の型式は客車という感じをなくするように丸みをつけず、直線式にして広く見せるように工夫しているようだ。展望室の椅子は藤製でレザーをかけたもの。客車内部の塗装は灰色がかったクリーム色で、これに装飾になる線が引かれている。食堂車は雑誌レールウエイ・メカニカル・エンジニアリングに記載されていたのと同じものであった。

午後一時から元大阪毎日新聞社の通信員をやっていたという富田氏のドライブでハリウッド見物に出かけた。ロサンゼルスの西方約八マイルで、自動車で三〇分で行かれる郊外というが、街がずっと続いているため、どこからがハリウッドであるかわからなかった。世界に有名な映画の都である。スタジオの数二〇余。映画会社約二〇〇。ハリウッドにおける現在人口七万五千のうち映画事業関係者は二万五千と称せられる。荘麗な劇場、瀟洒な住宅、漫歩する映画人型の美男美女の群はこの土地特有の色彩である。案内の富田氏の説明によると、これがハリウッド・ホテルです。昔は大層立派なものであり、今でもチャップリンが泊まった室と書かれた室があるとのこと。この四ツ角は「運命の岐路」といわれる。すなわち、スターを夢見てこの映画街に来るが、はたしてスターになれるかエキストラで一生を終わるかの分れ路だとの意味。住宅街の並木はすべてパーム・ツリーで美しい。

午後二時から映画会社フォックスへ入ることになっていたが、まだ時間があるのでハリウッド・ボールへ行った。周囲は丘に囲まれた盆地で、ステージと大見物席があった。収容人員一万五百名という。周囲の丘から高燭光の電灯で場内を照らし、いよいよ音楽が始まるときには、電灯を暗くして星の数が算えられるようにするのだとのことである。座席の間に低い木を植えてあるのは、見る目を心地よくするのに充分役立っている。

午後二時からフォックス撮影場を見学する予定であるが、最近、映画会社でストライキをやっているため変な人が入るといけないということで、普通一般の見物人は一切入場禁止となっていた。それで私は一策を案じて、撮影場の隣にある花店の高田氏を訪ね、高田夫人が生花を撮影場へ納入するとき、夫人にくっついてうまく入場した。マーチン監督のもとに「エキスト・レールロード・ステーション」という題名の映画で、食堂車の内部を撮影していた。トリックは見ていると全く馬鹿らしい。汽車は走るのでなく、停まっているが、窓外の景色を別の映写機でバックの白布に写し、撮影機で車両と景色を写すと汽車が走っているように見えるのである。汽車の煙は蒸気をふかして、それを扇風機でとばしている。専属俳優は男女二名で、あとは皆エキストラだという。女の顔の化粧はちょうど日本人形の顔の色を思ったら間違いない。

私がわざわざ時間をさいて撮影場へ行ったのは単なる映画撮影見物が目的ではなかった。アメリカの映画はトーキーになっているので(日本ではまだ無声映画であった)、撮影場へ外部から入る雑音をいかにして防止しているか、撮影場の建築、特に壁の構造を調べて、来たるべき満鉄の特急列車用客車に応用したかったのである。この目的は成功した。

十月十七日(火)

空晴れてまことに好天気である。だが大変暑い。夏服でも暑い。

午後九時に、キャリア・エンジニアリング会社のポルダーマン氏がホテルへ訪ねてくれた。ステーシィ氏も同道で、両氏の会社の事務所へ行き、キャリア・メカニカル・ルーム・ウエザー・メーカーを視察した。これは一つの箱に納まっていて、大きさは一フィート八インチ×四フィート×五フィートで、コンプレッサー・モーターは一馬力、能力は一冷凍トンである。

それからハリウッドのメトロ・ゴールドウイン・メーヤーのスタジオへ行って、冷房装置と映画場における防音装置を調べた。いずれも約一インチ厚さのグラス・ウールを使用している。

午前十一時三十分ホテルに戻り、荷物を整理して、いつでも出発できるように準備しておき、午後一時三十分ホテルを出てサザン・パシフィック鉄道の停車場へ行った。そこで今夕のニューオーリンズ行きの寝台券を求めてから、駅長に会って来意を告げ、車両工長のトランメル氏を呼んでくれるよう頼んだ。駅員の案内でトランメル氏の事務室を訪ねると、彼は自分の鉄道で使用しているプルマン・メカニカル・システム・エアー・コンディショニングのダイアグラムを出して、大体の説明をしてから現車へ案内して見せてくれた。そして、この男が冷房装置について詳しいのだといって、作業服をつけた頑丈そうなおやじを紹介した。よくしゃべる男で、親切に説明してくれたが、それは「サン・セット・リミテッド」列車で、しかも今夕私が乗ってニューオーリンズへ行く列車に連結する食堂車であった。食堂車では食料品を積み込み中で、食堂のマネージャーを紹介してくれた。

冷房装置のスクリーンの清掃回数は、外側スクリーンに対しては一カ月に二回、内側のスクリーンに対しては五日に一回、空気の取入れは一分間に一、七〇〇立方フィート、室内温度は外気温度より華氏で一五度低くしている。設備に関しては故障なしという。

私が調査した食堂車の車軸はプレーン・ベアリングであったが、ローラー・ベアリングの車軸もあり、そのメーカーはハイアット、チムケン、S・K・Fがある。窓はエアー・タイトに対しては何らの方法も講じてない。エンド・ドアはドア・クローザーが設けてあり、なおキャッチャーが外側についている。

説明してくれた頑丈男に日本製の絹ハンカチーフを贈ったら、美しいといって喜んだ。トランメル氏とそのアシスタントにも同じように絹ハンカチーフを贈った。

駅からホテルへ戻り、入浴したあと、ホテルの加来氏が私の荷物一切の世話をして駅まで見送ってくれた。

私が乗った「サン・セット・リミテッド」は午後六時二十五分にロサンゼルス駅を発車、ニューオーリンズに向う。私の座席は一六号車のバース・ナンバー八。今日の昼間会った食堂車のマネージャーが食事に来なさいと挨拶にきた。もうホテルで済ませたというと、明朝は来て下さいといって帰った。

わが同胞二万五千人の活躍する天使の街ロサンゼルスを離れるに際し、親切爺と感じた「丸八」のおやじさんを偲ぶ。健在なれかし。

十月十八日（水）

昨夜列車に乗ったときは非常に暑いので、寒暖計を見たところ華氏九〇度あったのには驚いた。時は十月中旬である。日本の気候といかに違うかがわかる。私の乗った寝台車一六号の乗客はほとんど婦人、しかも老人が多い。アメリカ式レディー・ファーストで、黒人ポーターはまず婦人客の寝台から整備して私のは最後になった。私はすぐにベッドにもぐり込み、疲れのためか、ぐっすり眠ったが、夜中に寒さを覚えて毛布をかけた。やはり大陸的気候で、満洲によく似ており、日中は暑くても夜中は涼しくなる。

朝五時三十分に目覚めて、窓外を眺めると、山は近くにも遠くにも見えるが禿げ山である。土地は砂地のようだ。何か畑にあるが、よくわからない。人家はなかなか見付からぬ。鉄道沿線の電信柱は四角棒で、碍子は硝子製のものを使っている。

食堂車で朝食をすませ、ラウンジ・カーへ行って室の構造を調査してノートした。バーテンダーのおやじさん、なかなか親切に案内して、こまかいところまで説明してくれる。私はアメリカ人に接するときは大胆に愉快に無遠慮にやる方針を立てた。列車のコンダクターも、プルマン・カーのおやじさんも、食堂のマネージャーも、ポーターとも、列車乗務員すべてと親しくなった。そして大いにしゃべり歩いた。ただし乗客とはあまり口をきかぬ方針にしている。もしも悪い奴でもいるといけないから。しかしプルマン・カーに乗っているアメリカ人はみな上品な乗客ばかりであった。ツーリスト・カーへ行ってみると世界が違ったようだ。粗末な服装をした者ばかりの田舎者といった風貌で、気味がよくない。プルマン・カーのおやじさんや理髪師が、日本はロシアと満州でごたごたがあるじゃないかと聞くから、私は、なに、ごたごたなんかあるものか、ロシアは北満鉄道を日本へ売りたいのだ。あの鉄道は、ぼろ鉄道で、線路はひどく悪いし、車両だってぼろぼろだよといってやると、それでも新聞に載っていたと、彼らは半信半疑のようだった。午前中はラウンジ・カーの

プルマン車のラウンジカー内部

調査に時間を費してしまった。

食堂車のマネージャーが来て、午後三時ごろが最も暑いから食堂を見て下さいという。昼食のため食堂車へ行くと華氏の八十九度だ。マネージャーの説明によると、スイッチが入らぬ、どこかが故障だ、この通りランプがつかぬといって、スイッチボードへ連れて行って見せた。私が、これくらいの故障ならすぐ直るじゃないかというと、彼はエルパソまで行かなければだめだという。私はこの列車の空気調整装置を研究するためにわざわざこんな淋しいルートを選んだのに、つまらぬことになったと悔しがった。

午後三時前に、食堂のマネージャーがまたやってきて、修理ができて食堂が涼しくなったから見に来て下さいという。私は行って、携行したドライ・エンド・ウエット・サーモメーターおよびカタ・サーモメーターで計ってみた。マネージャーは得意になって説明して、最後にはインストラクション・シートを出して見せる。私がコピーをとるから貸してもらいたいといったら、彼はエルパソ駅に着くまでお貸ししますという。それから大急ぎで、しかも列車のひどく振動するところでノートした。午後六時、すっかり書き終わったので戻しに行こうとすると、デッキでマネージャーに出会った。私が食堂車へ食事に行くといったら、食堂車はエルパソ駅で切り離すため食事はもうだめだ。腹がすいているなら何とかするという。なかなか親切だ。食事はエルパソを過ぎてからすることにして、インストラクション・シートを返し、お礼に例の絹ハンカチーフを贈ったら大層喜んでいた。

エルパソ駅に午後七時到着、先の食堂車は切り離され、別の幾らか低級の食堂車が連結された。この駅ではしばらく停車するから、プラットホームに降りて散歩しないかとポーターが勧めるので、私はぶらぶら歩く。エルパソは暗い街だ。プラットホームを歩きながら私は考えた。今、自分はどこを旅行しているのか。アメリカ大陸を旅していて、故国を遠く離れているという感じは起きない。大連から奉天あたりへ出張しているような感じだ。こんな愉快な旅行で、なぜホームシックを人は起こすのかと不思議に思われた。

列車はエルパソ駅を発車した。私は早速食堂車へ行って、今度のマネージャーに、私は初めてアメリカへ旅行したので、何かとわからぬことが多いからよろしく頼むといったら、マネージャーは大いにヘルプするから何なりと用事があったら命じてくれといった。

食堂車を出てラウンジ・カーへ行くと、理髪師が私に理髪しないかという。列車内での理髪は初めてのことだから、これも経験の一つとして早速やらせる。彼は、なまり言葉のため話が聞きとりにくい。どんな型に刈ろうかというから、いいようにやってくれと頼む。理髪を終えて、こんな型がアメリカ式でいいといって、小さい鏡を持って後頭部を鏡にうつして見せてくれた。私がオールライト・グッドというと理髪師は満足の態だった。私が日本人の髪はハードだろうというと、彼は日本人の髪はヘルシーだという。ははあ、硬い髪はヘルシー・ヘアーか、これで一つ学問をしたわいと私は思った。大いにしゃべるにしかず。ロサンゼルスでミラーさんが、あなたは英語が大層お上手だ、よくわかると賞めてくれたので、私の話すことがアメリカ人によくわかるのかと、それからは大いにしゃべることに努めている。サンフランシスコやロサンゼルスでは日系アメリカ人経営のホテルに泊まって日本語も話していたが、昨夕この列車に乗って以来、日本語は一句も使わぬ。これならば、だんだん英語に慣れてくるし上達もすることと思う。エルパソを過ぎて時計の針を一時間進めた。

十月十九日（木）

午前七時に目が覚めた。朝食をすませて、シャワー・バスに入り、汗をすっかり流す。アメリカ大陸へ自分の身体の汗と垢を確実に落としたことになる。湯上がり後はどこでも同じく、いい気持だが、暑い列車の中ではまた格別だった。

ラウンジ・カーへ行って構造の調査をしているうちに昼になってしまった。昼食のとき食堂のマネージャーにクッキング・レンジについて聞いたところ、以前はオイル・バーナーを使っていたが現在はコール・レンジだという。その理由をたずねると、石炭のほうがイブン・ファイアで扱い易いといっていた。午後、見に来ないかとマネージャーから勧められた。

正午ごろ列車の通過したところには畑もあった。小麦らしいものが見えた。裸麦もある。林もある。暑い。寒暖計は華氏九〇度を示している。午後はプルマン・カーを調査した。

午後三時十分、サン・アントニオ駅に到着したので、日本の留守家族への手紙をプラットホームのポストに投函した。駅に停車中プラットホームを散歩して初めて知ったのであるが、機関車から一番目の客車にはフォア・カラーと書いてあり、その次の客車にはフォア・ホワイトと書いてある。まだまだアメリカでは人種差別のあることがよくわかる。サン・アントニオ駅から支線が三本出ており相当な街らしい。郊外には飛行場があった。この街の近くには小川が流れており、自動車が川の中で行水をつかっていた。街を出たところには野菜畑や小麦の畑があった。畑は大てい風車を使用して井戸水を揚げている。郊外にも農家らしいのがぽつぽつ見受けられた。午後はずっとプルマン・カーの構造について研究した。

午後六時に食堂へ行くと、マネージャーが、これから次第に草木が多く見えるようになるという。窓外を眺めると線路沿いが全く緑色になっている。食事がすむと、マネージャーが料理室を見ないかといって、忙しいのに案内してくれた。クッキング・レンジも見た。配膳室も見た。果物の冷蔵庫はうまく考えている。ドアをあけると内部に電灯がついて内容物がよく見えるようになっている。もちろん閉めると電灯は自然と消える。

食事後はニューオーリンズに関する資料を集めた。午後九時過ぎ列車はヒューストン駅に着いて、しばらく停車していたが、私はベッドにもぐり込んでいたので窓から眺めたのみ。相当な街であるが、エルパソよりは大きくなさそうで、やはり暗い感じだった。

十月二十日（金）

午前五時過ぎに目が覚めた。ラウンジ・カーへ行ってコーヒーを飲む。今朝は食堂は休みである。七時ごろラウンジ・カーのファウンテン・マンが私にミシシッピー河だと教えてくれる。見ると線路がだんだんと河の方へ入って行くようで、車両のトラックに水があがりそうだ。不思議に思っていると、二十分も間があるから散歩しなさいと彼はいう。列車から降りて、降りたところをよく見ると、そこはフローティング・ボートの上である。

その上に線路が敷設され、その上に列車が乗っている。列車は三つに切られて並行している。フローティング・ボートの横腹に曳船が二隻ついてボートを曳いて進行している。河は濁流で、流れているのか停滞しているのか、どちらともわからない。フローティング・ボートには列車をまたいでガーダーが取り付けてある。このガーダーの上部にパイロットがいて、二隻の曳船にサイン・コードを引いて合図をしている。機関車のベルと同じようなベルが一定の数だけ鳴らされると曳船は行動を起こす。やがて対岸に到着すると、入換機関車がきて列車をフローティング・ボートから引き出し、三つに切った列車を元の通りに連結して発車した。いとも簡単にミシシッピー河を渡ったわけである。そして間もなく終点ニューオーリンズ駅に到着した。

(ニューオーリンズ)

駅からバスに乗ってホテル・モンテレオンに行った。立派なホテルだ。室の数は一一〇〇あるという。私は四七七号室へ入ったが、間もなく電話がかかり、先方は早口に何かしゃべっている。新聞云々ということだけは聞きとれたが、誰からか何のことか理解できない。そのうちドアをノックする者があるので招じ入れると、彼は、自分はモーニング・トリビューンという新聞の記者である。あなたがニューオーリンズに来られた用件を話してくれといって、もう紙片に鉛筆で書き始めた。私は満鉄の技師で、鉄道車両の構造および空気調整装置の研究調査のため来たこと、これからシカゴを経由してニューヨークに行き、そこで滞在することを話した。彼から聞かれるまま、満洲の人口、満鉄の事業、ロシアとの関係、満洲馬賊のことなどを説明した。

少憩の後、午前十一時、サイト・シーイング・パーラー・カーに乗って市内見物に出た。見物したところは、オールド・フレンチ・マーケット、セント・ルイス寺院、共同墓地、ナポレオンハウス、ミシシッピー河、砂糖の精製工場、そのほか、フランス、スペイン時代を偲ばせる建物などである。ホテルへ帰ったのは午後三時だった。ホテルの設備はよい。室料も安い。室にはラジオも備えてある。洗面室にはアイス・ウォーターも出るようになっているので便利だ。

夕食後ホテルの近所を散歩した。この市街では日本人に会うことは絶対にない。サンフランシスコやロサンゼルスでは日本人が多いためアメリカ人もわれわれ日本人を注意して見ることもないが、ニューオーリンズに来てからは、私は周囲から珍しそうに見られているように感じた。

ホテルへ戻って、新聞を読み、イリノイス・セントラル鉄道の列車時刻表を調べ、ベッドに入ってラジオを聞いた。室は暑いが、天井に設けてある大きい扇風機は心地よい冷風を送ってくれた。

十月二十一日（土）

朝食をすませて、イエロー・タクシーでイリノイス・セントラル鉄道の駅へ行ったところが、それは昨日朝サザン・パシフィック鉄道で到着した駅であった。イリノイス・セントラル鉄道の駅長室をやっと探し当てた。十時発のシカゴ行き列車が出た後、駅長は室へ戻ってきた。私は駅長に名刺を出して来意を告げると、彼は、満鉄のことは聞いたことがある、どうか車両を見てくれといって、客車工長を呼び寄せて紹介した。駅長が私のノートに彼の名と工長の名を書いてくれたところによると、それはイー・ティ・サローン・ステーション・マスターと、エス・シー・モントゴメリー・パッセンジャー・カー・フォアマンであった。モントゴメリー氏は、暑いのに、どんどん歩いて次々と説明する。

まず手荷物車を見た。これには郵便物も積んでいる。ひどいと思ったのは鶏も乗せていること。サイド・パネルの下方の両側に四カ所ずつ空気抜きを作ってある。花の輸送車を見た。これは草花を輸送する車両で、両端に氷を入れて空気を冷却し、生花が輸送の途中いたんだり、開いたりしないようにしてある。氷は屋根から入れるようになっている。

パーラー・カーを見た。全体的に見て大したものとは思えぬ。ただ椅子の背の当たるところだけが自由に動くのは面白いと思った。プライベート・カーも見た。室の内側は樫の木仕上げだが、相当古いもので大して見るべきところはなかった。室としては展望室一室、寝室二室、食堂一室、料理室一室、車輪はロールド・スチール・ホィールを多く用いている。白人と黒人を区別した客車も見た。白人と黒人の差別は至るところに見られる。駅の待合室でも区別されている。

車両修繕職場へ案内してくれた。そこにはナイルス・ベネット・エンド・ボンドのホィール・レースが設備されているが、しごく古いものなので、私が、これは古いじゃないか、能率が悪いだろうというと、モントゴメリー氏も、古いといっただけで何とも言いわけはしなかった。トリプル・バルブの修繕場も見たが、ユー・シー・トリプル・バルブを採用している。なかなか熱心に案内してくれた。

駅は合同駅になっている。従業員はイリノイス・セントラル鉄道とサザン・パシフィック鉄道と、両鉄道の社員になっていて、しごく経済的だという。モントゴメリー氏へは記念として日本の絹ハンカチーフを贈ることを約束して別れた。

ホテルへ戻り、着替えをして、手紙を書き、満鉄本社へ第四信を送った。

夕食をすませて、午後七時三十分、タクシーでユニオン・ステーションに行く。モントゴメリー氏に贈る絹ハンカチーフは手荷物室の従業員に託した。

列車は午後八時五十分発、シカゴへ向かう。寝台車は男客が多く、婦人客は二名しかいない。

十月二十二日(日)

午前六時三十分に目覚め、洗面室へ行く。やがて一人のアメリカ人がやってきて、私が顔をシェービングしているのを見て、日本人は毎朝シェービングする習慣があるのかと聞く。あまり日本人を知らぬ男らしい。なお、新聞では日米がパシフィックで戦争を始めるように報道しているが、どうかと聞くから、私はそんなことは知らぬと答えてやった。そのうち列車はメンフィス駅に到着。この駅では入換に相当時間を費した。駅のプラットホームではトラクターが使われている。そのメーカーは不明だったが、ガソリン・エンジン付きであまり体裁のよいものではない。騒音とガソリンの悪臭は感心できぬ。やはり満鉄で使っているバッテリー・トラックのほうがよいと思った。

食堂へ行ったが、あまり感じはよくない。食後パーラー・カーへ行って目を窓外にやる。秋色野に満ち、紅葉の風に舞うのもまた風情あり。天候険悪にして今にも一雨来たらんとする空模様。どうも日本人は、こんな天候のとき、ことに秋の紅葉のころは望郷の念やみがたく、もの悲しくなる。天気晴朗こそ望ましいものである。高粱畑もある。綿の畑もある。山はあまり見えないが、窓外の風光は広々とした平原に樹木が繁茂している。

フルトン駅に到着したのは午前十時三十分であったが、その前から小雨が降り、うすら寒さを覚えた。乗客のなかにはオーバーを着ている者もいた。ここからシカゴまでは四〇六マイルと駅に掲示されている。午前十一時には列車に暖房が通された。昨夜ニューオーリンズを立つときは暑くて汗を流したのに、今朝は寒くてヒーターを通すとは、南北で、かくも気候の変化の激しいことを私は初めて体験した。この沿線の農家では豚を飼育するところも見えた。

午前十一時四十分、列車はミシシッピー河を渡った。鉄橋はアーチ型になっていたが、その理由はわからない。橋の下には濁水が流れて州のところには柳の木が茂っていた。河を渡って、しばらく進行するとマウンズ駅に到着。田舎の小さな町か村である。

空気調整装置の書類を自室で読む。この列車にはあまり参考になるものはない。連結されている食堂車、パーラー・カー、プルマン・カーは、いずれも全鋼製車である。プルマン・カーの内部はマホガニー仕上げで、天井はクリーム色、パーラー・カーの内部塗装は黄味がかった薄緑、食堂車は大体においてパーラー・カーと同じ色彩である。

午後九時二十分ごろ列車はシカゴに近づいた。市内に入ってから六十三丁目駅、五十三丁目駅、四十三丁目駅を過ぎ、やがてシカゴ駅に到着せんとするころ、プルマン・カーの車掌が来て、ちょっとお出でなさい、いいものを見せましょうという。私は特別室へ連れて行かれた。何を見せるのかと思ったら、窓外のネオンサインまばゆいのを指さして、あれが万国博覧会場であると教えてくれた。シカゴ駅の近くで開催されているのである。十一月一日まで開催の予定であったのが二十日まで延期された由。

（シカゴ）

列車はいよいよシカゴ駅に到着した。駅舎は大したものではない。ポーターに手荷物室で私の手荷物を受け取るように命じたが、彼はエキスプレスにそれを伝えただけ。私がエキスプレスに料金とホテルまでの運搬賃をたずねると一ドル三〇セントという。ホテルは駅のすぐ前だから馬鹿らしい。私は自分で受け取ることにして、タクシーを呼び、運転手に手荷物を受け取らせて、スチーブンス・ホテルへ行った。タクシーの料金は僅か一〇セント。ホテルのポーターが出迎えて私の荷物四個を持ってホテルへ入った。

このホテルのなんと広いこと。人々がたくさんひしめている。ホテル内に劇場があって、休憩時間なのでホールへ出ているようだ。私の手荷物を持って先に入ったポーターを見失って、私はうろたえた。そのとき確かに私は田舎者の顔をしていたことだろうと思う。やっと荷物を置いてあるのが見つかったが、今度は一体どこにホテルの帳場があるのかわからない。売店、郵便局、電話局、劇場などはあっても帳場らしいところが見つからぬ。ポーターというサインのついている事務室でたずねて、やっとわかった。どう見ても銀行の窓口のようだ。こんな窓口が四カ所あって、旅行者が汽車の切符を買い求めるときのように列をつくっている。私もその後につづいた。そこへポーターがきて、こちらがいいと教えてくれた。なるほどその窓口には誰も旅客はいない。

さっそく室の交渉をしたところ、四ドルの室一日だけでよろしいならば、せっかく遠い日本から来られたのだから特別をもってお受けいたしますという。万国博覧会開催中のため宿泊客が多く、室は予約なしではなかなか取れないのであろう。仕方なく、一日でもよろしいといってサインした。それから室の鍵を受け取ってエレベーターに乗る。エレベーターは昇る昇る、気持よく昇る。二十五階まで行った。これが私の泊まるフロアーだった。

廊下へ出ると、係の婦人事務員がいて、ここでもサインさせられた。私の室は二五一一A、洗面室と浴室は立派である。寝室は大したものとは思わなかったが、机の上の電気スタンドは、美しかった。中国における大明といいたいような陶器の花瓶を使って電気スタンドにしてあった。勿論ラジオも設備してあった。しかしニューオーリンズのホテルと違って、このホテルでは五セントあるいは一〇セントというような銀貨を入れないと聞けないようになっている。

シカゴは寒いので、冬服に着かえた。そして夕食をまだとっていないので食堂へ行こうと廊下へ出たところ、フロア係の事務員が屋上へあがるように勧める。スカイ・ライトがきれいの由。エレベーターで上って見た。まことに美しい夜景である。

ホテル・スチーブンスは世界第一のホテルといわれるだけあって実に大きい。東京の丸ビルの何倍かだ。客室が三〇〇〇、どの室にも浴室の設備があるという豪勢なものだ。

十月二十三日（月）

目が覚めて窓外を眺めて驚いた。前は公園の芝生で、その向こうは海のようである。シカゴに海があるはずはないが、防波堤もあれば大きい汽船もいる。太陽は、はるか遠くから出ている。目のとどく限り陸地は見えない。海と錯覚したのはミシガン湖で、それほどミシガン湖は大きいのである。

午前、キャリア・エンジニアリング会社のマネージャーを訪問した。マネージャーから同社のフェドロフ氏を紹介され、同氏の案内でセーフティー・カー・ヒーティング・エンド・ライティング会社へ行き、マネージャーのスコット氏に会った。この会社はキャリアで設計したエア・コンの製作をしているというので、詳しい説明を聞いた。それから同社のピンヤード氏とキャリアのフェドロフ氏の案内でシカゴ万国博覧会へ行った。

まずジャパニーズ・ゲートから入場したところ、すぐ満洲館が見つかった。入口正面のウインド・ケースには満洲人の人形が飾られ、日米の国旗が掲げられていた。輸送館へ行ってプルマン・カー会社出品の全アルミ製客車を視察する。案内人が一般的説明をしていたが、私が詳しい技術的説明を求めたところ、自分には説明ができぬからプルマン会社の技師長パーク氏に聞けばよいとのこと。バルチモア・エンド・オハイオ鉄道出品の一個列車もあったが特別に説明してくれた。以上どれにも空気調整装置を設備してあっ

シカゴ万国博覧会「満洲館」
館内正面のディスプレイ

万国博におけるプルマン会社の出品車を見物する入場者の列

た。

十月二十四日（火）

午前十時にセーフティー・カー・ヒーティング・エンド・ライティング会社のピンヤード氏を訪問した。氏の案内でプルマン・カー会社に行き、技師長のパーク氏に面会を求めたが、パーク氏は外出中で、代理のウォーラー氏に会った。同氏の話では、パーク氏は午後三時ごろに帰社するから、そのころに来られてはいかがという。ウォーラー氏は私のノートを見て、こんなむずかしい日本文字がどうして早く書けるかと不思議がるから、私は空気調整装置と書いて、これに英文で訳をつけて見せた。日本文字に興味があるのか、あるいは珍しいためか、ウォーラー氏は自分の姓名と彼の子供の名を日本文字で書いてくれといって、彼の名刺を出した。

プルマン・カー会社を辞して、ひとまずシカゴ万国博覧会を見物し、午後三時に満洲館からプルマン・カー会社の技師長パーク氏に電話したところ、帰社していたので、私は直ちに同社へ行きパーク氏に面

車体は全アルミニウム製

会する。彼から空気調整装置に関する説明を聞いた。全アルミ製客車の図面をもらいたいと要望したところ、プルマン・カー・エンド・マヌファクチュアリング会社の副社長テスト氏に頼めばよいといって、紹介状をくれた。早速テスト氏を訪問して、全アルミ製客車の図面をもらいたいと頼んだが、メーカーの間に競争者があるため図面を社外へ出すことは禁じられているといってことわられた。

再びシカゴ博覧会へ行く。満鉄館は午後六時に閉館するが、その他の会場は午後十二時まで開いているので、夜はゆっくりと一般の見物をした。

十月二十五日（水）

午前七時三十分に目覚めて、ブラインドをあげて見ると、だいぶ寒そうだ。ベッドに横たわってニューヨーク・セントラル鉄道の列車時刻表を見る。何日にシカゴを出発するか、何時にどの列車に乗ったらよいか、乗車駅はどこにあるかなど、初めての土地に旅すると、いろいろなことに気をつかわねばならぬ。風はビュービュー吹いていたが、ついに嵐になった。外出したのは午前十時ごろだったが、空は一時晴れ後雨となった。

プルマンの展望車

今日も万国博覧会へ行く。そしてバルチモア・エンド・オハイオ鉄道出品の客車について調査したが、トラックにラバー・ヒールを用いているのを見た。次にプルマン会社の全アルミ製客車をスケッチし、形状、寸法など細部に至るまで詳細に調査していると、監視員が来てスケッチしてはいけないという。そこで私は、プルマン・カー会社の技師長パーク氏とプルマン・カー・エンド・マヌファクチュアリング会社の副社長テスト氏の了解を得ていると話し、両氏の名刺を見せて私の目的を遂行した。

博覧会で自分の専門のことばかりを調査して幾分疲れを覚えたので、見世物小屋へ入ってみた。ここは不具者ばかりの見世物である。手足がなく胴と頭だけの男、大男、大女、あごに袋が三つ付いている男、白子、手が肩に直接ついている男、刀をのみこむ娘、腕がなく足で何でも用事をする女、頭に三角形に髪が白くなり身体がまだらになっている女、黒緑色の男、背中が一緒にくっつき合った二人娘などが見世物になっていた。その他ホーム・オブ・ツモロー、アメリカン・インディアン、化け物屋敷なども見物した。

十月二十六日（木）

午前七時に起床。空は曇って寒そうである。午前十時にホテルの勘定をすませてニューヨーク・セントラル鉄道のラ・セール駅へ行き、手荷物三個を、鉄道パスを見せてニューヨークへ先に送ることにする。スーツ・ケース一個は手荷物室へ一時預けとしておき、満鉄ニューヨーク事務所へ、二十七日午後十二時十五分セントラル・ステーションに到着することを電報で通知する。駅での用件をすませてミシガン・アベニューにある美術博物館に行く。美しい絵画が数多くあるが、時間がないため急いで見て回った。彫刻や陶器、ガラス製品もあった。日本品としては、山口県産の人形娘に着物をきせたものや、五月人形の加藤清正、三月節句の道具類が陳列されていた。玩具のぽんぽん下駄があったが、これには高島屋（東京）と書きそえてあった。

博物館を出て万国博覧会場へ行き、満鉄館の館員たちにシカゴ出発の挨拶をする。

ラ・セール・ステーションに着いたのは午後二時十五分。一時預けのスーツ・ケースを受け取り、午後三時五分発のニューヨーク行き列車に乗り込んだ。

ミシガン・アベニューに建ち並んだ大廈高楼は実に現代建築の粋を集めているが、列車が駅を離れて一時間もすると、窓外は全くの田舎で、見える家々はほとんど木造である。

午後四時五十分サウス・ベンド駅に停車。駅のすぐ前にスチュードベーカーの工場が見える。この列車は時刻表の通りに正確に運転されている。

十月二十七日（金）

午前六時五十分起床。窓外の景色は昨日と変わって非常によろしい。列車の進む方向の右側は川である。この川は、列車時刻表についている地図によれば、おそらくニューヨーク市まで続いているらしい。左側は小山あり。野原あり。両側とも樹木多く、木は紅葉せるものあり、緑濃きものもあり、草はまだ緑色で美しく、目を楽しませる風光である。スケネクダティ駅のそばにはゼネラル・エレクトリック会社の工場が見える。時計はシカゴ時間よりニューヨーク時間が一時間進んでいることをポーターが知らせてくれた。それでも予定の十二時十五分近くなってもニューヨークに着く様子がない。

午後一時少し過ぎ、列車はニューヨーク市のグランド・セントラル・ステーションに到着。私は長い長いプラットホームをスーツ・ケースをさげて歩いた。駅舎へ入ると、満鉄ニューヨーク事務所の奥田氏が出迎えていてくれた。満鉄ニューヨーク事務所は駅前のリンコルン・ビル（四十二丁目街東六〇番地）二十五階の二五〇三号室であった。事務所を訪ねて所員一同に挨拶し、午後四時まで一同と会談した。

（ニューヨーク）

奥田氏の斡旋で準備されていた旅館コクマイ・ホーム（百二十四丁目街西六十二番地）の六階七号室へ入る。相当広い、ゆったりした室である。室の調度品はダブル・ベッド一、テーブル三、洋服タンス二、椅子五、電気スタンド二、帽子オーバー掛け一で、窓二カ所、入口二カ所。これがニューヨークにおけるわが家である。

夕食後、奥田氏の室で、私が日本から持参したレコード（長唄越後獅子）をかけて一同とともに聞く。みんな日本音楽はいいなと感心して日本を偲んだ。

十月二十九日（日）

友人三名とともに散歩に出る。まず地下鉄でニューヨーク埠頭へ行き、そこから船に乗ってスタチュー・オブ・リバティ（自由の女神）を見物に行った。奈良の大仏も大きいが、自由の女神もなかなか大きい。記録によると、工費七十万ドル、重量四十五万ポンド、厚さ十六分の三インチの銅板で作られていて、銅だけの重量でも二十万ポンドあるという。高さは基礎から女神の頭のところまで二百二十九フィート六インチであるから、手をさしあげたところまでは二百八十フィートくらいになると思われる。この銅像の内部には、途中まではエレベーターがあり、それから上は梯子段で登り、頭のところまで行けるようになっている。そこには窓があって下界や遠方が眺められる。私たちはそこまで登ったが、下りはずっと下まで歩いて降りたところ、足がふらふらして痛みを覚えた。

それからマンハッタンに戻り、フルトン・マーケットの前を通って、有名なブルックリン橋を見物した。この橋は五十年ほど以前の製作で石をたくさん用いている。遠くから見ると、太いロープで吊るしてあるように見えたが、それはロープでなくて相当大きい直径のパイプであった。

ニューヨークとしては貧弱な感じがする市庁舎を見て、電車でワシントン街へ行き、そこから二階建のバスに乗って五番街を通っていたころ、小雨が降りはじめた。地下鉄に乗りかえてコクマイ・ホームへ戻る。

十月三十日（月）

午前中はニューヨーク事務所にいて、大連から送ってきた満洲日報と大連新聞を読む。

午後は三井物産支店を訪ね、石田礼助支店長と多田部長に挨拶する。石田氏はもと大連支店長を勤めていたので私もよく知っていた。三井物産支店はエンパイア・ステートビルの七階にあるが、このビルは百二階建で、ニューヨークにおける一大偉観である。

そこを辞して、ブロードウエイ一二〇丁目街の三菱商事支店を訪問、風間支店長と続部長に挨拶し、ウエスティングハウス・エレクトリック会社の空気調整装置の参考図面および仕様書の提出方を依頼する。

午後七時から満鉄ニューヨーク事務所長の郷氏宅における晩餐会に招待された。

十月三十一日（火）

午前中はニューヨーク事務所で過ごし、午後三井物産支店の多田氏を訪ねて、空気調整装置および客車構造の件について打合わせ、十一月二日は空気調整装置に関してキャリア会社を訪問すること、十一月三日はフィラデルフィアへ行ってシカゴ・バーリントン・エンド・クインシー鉄道で製作中のステンレス製流線型客車を観察することを決めた。

十一月一日（水）

三菱商事支店長の風間氏が今日一日中、自動車を提供してくれたので、私は友人五名を誘って午前十時にコクマイ・ホームを出発、約五十七マイルの地点にあるウエスト・ポイントへドライブした。

車はまず百二十五丁目街を通ってコロンビア大学前を過ぎ、グラント将軍の墓を見、リバー・サイドからハドソン川の風光を賞で、ブロードウェイを通ってニューヨーク市を出た。ヤンカース町を過ぎて左にハドソン川を眺め、川向うの絶壁、両岸の紅葉に目を奪われながらクロテンに至り、ニューヨーク市へ水を供給する水源地を見た。谷間にダムを造り水を溜めている。谷間の長さ二十マイル、この付近は夏の季節に、ニューヨーク市民がピクニックに来るところだと聞いた。

さらにハドソン川に沿って北進し、ベアー・マウンテン橋に至る。この橋を通過するには、自動車一台につき八十セント、人は一名につき十セントの料金を払う。これは国家の収入になるのだと聞いた。警官が監視している。渡橋切符を求めて橋に来るまでに峠があって、そこには望遠鏡を備えてあり、料金は十セント。みんな車から降りて望遠鏡で遠景を眺める。そこにアメリカ人夫婦が乗った一台の車がとまっている。彼らの話を聞くと、バンクーバーからシカゴを経由して、ずっと自動車で旅をしているが、今日で四週間になるという。自動車と競争しなければならぬアメリカの鉄道の現況が私にはよくわかった。

ベアー・マウンテン橋から下を見ると、両岸に鉄道線路があった。橋を渡ったところがベアー・マウンテン公園で、夏は避暑客が来る由、田舎じみたホテルも数軒見えた。

さらに北進するとウエスト・ポイントである。ここには陸軍士官学校、幼年学校、輜重兵隊がある。その入口で入場許可証をもらって入ってみた。練兵場は緑の美しい芝生である。フットボールをするようなグラウンドやヨーロッパ大戦の記念碑があった。

そこから帰途につき、ウエスト・ポイントの町はずれで簡単な昼食をとる。帰路は往路と反対側のハドソン川に沿った道を通ることにした。帰路もまた景色よし。途中ストーニー・ポイントというところがある。ここは一七七九年六月十五日、十六日のアメリカ独立戦争の際の古戦場で、今見るとまことに小さい大砲が保存され、当時を偲ばせる。

十一月二日（木）

午前九時三十分、三井物産支店に多田氏を訪問、同氏から紹介された同社のサリバン氏の案内でニューアークのキャリア・エンジニアリング会社を訪ねる。そこでカーペンター氏に会い、私からキャリア式空気調整装置の詳細図面、特徴、取扱方法、他社の形式との比較について質問し、満鉄客車のデータは私が三井物産支店を通して送付することを約束した。

十一月三日（金）

今日はフィラデルフィアのバッド・マヌファクチュアリング会社へ視察に行くことを三井物産支店

の多田氏と約束していたが、私は風邪がすっかり治らず、身体も疲労を覚えるので、来週に延期して静養した。

十一月四日（土）

満鉄ニューヨーク事務所へ出社して満鉄客車の空気調整装置に関するデータをタイプする。そして三菱商事支店の続氏に電話して事務所へ来てもらい、客車のデータを渡し、続氏からはウエスティングハウス・エレクトリック会社の空気調整装置の説明書を受け取った。

夜、コクマイ・ホームの私の室の温度が高く、非常に乾燥しているので、湿度計を出して計ってみると二五％しかない。驚いてタオルに水を浸すやら床のカーペットに水を散らすやらして、やっと三〇％になった。

満鉄本社へ第五信の報告書を発送する。

十一月五日（日）

友人二人とともに散歩に出てジョージ・ワシントン橋を見た。そこから地下鉄で四十二丁目街に行って映画見物。三井物産支店の多田氏へ満鉄客車の空気調整装置に関するデータを郵送した。

十一月六日（月）

午前中はホームで空気調整装置に関する調査に過ごす。午後フィラデルフィア駅へ行ってパス・ビューローを訪ね、定期券の発行を頼んだところ、大連の満鉄本社からの依頼状では大連本社へ送付することになっているが、ニューヨーク事務所の郷氏を知っているかと聞くから、私は郷氏のもとまで届けてくれるよう頼んでおいて、満鉄ニューヨーク事務所へ行った。そのころペンシルバニア鉄道のパス・ビューローから郷氏に私のフリー・パスについて電話がかかってきたので、定期券を発行してもらうよう郷氏から依頼状を出してもらうことにした。コクマイ・ホームへの帰途、五番街の書店へ寄ってみたが、私が欲しい鉄道技術に関する書籍は見つからなかった。

十一月七日（火）

今日はニューヨーク市長の選挙日のため、会社、商店は一斉休業。午前中は空気調整装置に関する調査をなし、午後からセントラル公園にあるメトロポリタン美術博物館へ行く。この博物館には古代エジプトの絵画、彫刻をたくさん陳列してある。東洋のものもある。最近アメリカで流行している椅子のデザインは十七世紀ごろのものによっていることがわかった。先日シカゴ万国博覧会で見た全アルミ製客車の座席の織物は、十七世紀時代の椅子に多く用いられていたものによく似ている。私はいま計画中の満鉄特急列車の客車にこの形式の座席を考え、大いに参考になった。

この博物館はセントラル公園の中にあるが、この公園は約八百五十エーカーの広さを有し、園内には三十一マイルの人道が縦横に通じ、また六マイルの乗馬道も設けられている。メトロポリタン美術博物館は世界最大の美術館である。十八エーカーの広い敷地に建てられた本館は建築費のみで二千万ドルを要したという。エジプト館には石棺、ミイラその他埋葬寺院用具などがあった。またガラス製品、武器も集められている。二階には各国の代表名作絵画が陳列されている。

十一月八日（水）

本日、大連の満鉄本社へ次の電報を発信した。〝空気調整装置三社とも成功しおる。見積り出したか知らせ乞う　市原〟

十一月九日（木）

午前中は、コクマイ・ホームの自室で「レール・プレーン」に関する質問事項を取り調べ、三菱商事支店の続氏に送付す。午後、満鉄ニューヨーク事務所に出かけて、アメリカ各鉄道会社へ私のフリーパスの請求書を出すように依頼した。レッド・ヘッド・ブランド会社からフリジウォーム・カーテンに関する説明書を私あてに送ってきたので、早速午後礼状を出す。

三井物産支店へ行って石田支店長と多田部長に面会、フィラデルフィアのバッド・マヌファクチュアリング会社へは来週訪問することを約束した。

十一月十日（金）

午前、満鉄ニューヨーク事務所へ行ったところ、私が一昨日、満鉄本社へ打電した電報に対する返電が届けられていた。「空気調整装置十五日ごろ見積出す」。午後、三井物産支店を訪ね、キャリア・エンジニアリング会社からの質問書を受け取った。

十一月十一日（土）

三井物産支店へキャリア・エンジニアリング会社からの質問書に対する回答書を発送。三菱商事支店の続氏に、空気調整装置に関してウエスティングハウス・エレクトリック会社から照会のあった件につき、電話で質問する。

午前十一時ごろコクマイ・ホームを出て地下鉄の駅に行く途中、路上でアメリカ人の老婆が私に話しかけた。あまり風体がよろしくないので、私はいい加減にあしらっていたが、老婆が言うには、自分は主人を亡くして息子と二人暮らしである。以前は自分の家に日本人が下宿していた。日本人は清潔だからよい。誰か日本の紳士で下宿する人はないか。そして、すぐ近くだから家を見てくれと私を誘った。アパートの七階で装飾はよくしてある。以前いた日本人の写真を見せるといって、机の引出しから出したのを見ると、それは佐久間章氏である。私が、この人は自分もよく知っていて、同じ会社だといったら、老婆は、南満洲鉄道会社かといって大層喜び、ぜひ誰かお世話して下さいという。

この家を出て、地下鉄に乗ってグランド・セントラル駅で降り、四十二丁目街と五番街を散歩。エンパイア・ステート・ビルの横を曲がってメーシー・デパートメントへ行った。大そう大きいデパートで、今日は土曜日のため人出が多く、歩きにくいほど店内は賑わっていた。

午後六時からは、六十三丁目街にある日本人倶楽部で、大洋丸一等船客だった佐藤氏、一色氏、南里夫妻と私の五名が集まって、すき焼き会を催した。

十二月十二日（日）

今日、私は満四十歳の誕生日を迎えた。「四十にして惑わず」という言葉の通り、私はニューヨークの異郷にあって惑わぬ生活をしているが、私の誕生日を祝ってくれる家族がここにいないのは淋しい。今日は朝から晴天で、暖かい、いい日曜日である。

十二月十三日（月）

三菱商事支店の続氏から書面が届いた。それは空気調整装置に関するウエスティングハウス・エレクトリック会社からの質問である。さっそく取り調べて回答書を作った。

午後二時、三菱商事支店に続氏を訪ね、同氏の案内で、五十丁目街のラジオ・シティ・ビルのウエスティングハウス・エレクトリック・インターナショナル会社を訪問。ミッマニガル氏とハスブロック氏に面会し、空気調整装置に関する満鉄側のデータについて説明した。ハスブロック氏は空気調整装置の担当者であるが、技術的な詳細に関してはピッツバーグ工場の技師でなければわからぬという。なお同社で製作しているマイカータの見本についての説明を聞いた。マイカータは防火用になり、木材の形もおけるし、大理石模様もできる。また織物の形もおけるし、アルミニウムのはめ込みも可能で、各方面から需要があるという。水に対しても強いのでバス・ルームの壁に使用した写真を見せてくれた。私は煙草の火を上に置いてみたが焼けなかった。午後五時までいろいろ話し合う。

十一月十四日（火）

三菱商事支店が自動車を提供してくれたので、私は友人五名を誘って郊外へドライブすることにした。まずイースト・リバー・サイドの埠頭を視察したが大した設備は見当らない。クイーンズボロー橋を写真にとった。だんだん南の方へ進み、ブルックリン橋を渡ってブルックリン区へ入る。この区はもとのブルックリン市である。初めて植民されたのは一六二三年で、一八三四年に市制が布かれ、大ニューヨーク市に編入されたのは一八九八年である。ブルックリン区は「教会の都」と称され五百以上の教会がある。マンハッタン区からブルックリン区に入ると田舎町へ行った感じがする。プロスペクト公園の前に凱旋門のようなものがあったので写真をとった。この公園には日本式庭園があるというので探したが、見つからなかった。

それから一直線の道路を五マイルほどドライブしてコニー・アイランドへ行った。この道路の両側には住宅が続いている。途中で無軌道電車が走っているのを見た。コニー・アイランドは大西洋に面した砂丘で、今日では世界で最も著名な遊園地になったという。

ブルックリン区にある大阪商船および国際汽船の埠頭を見た。大阪商船の北陸丸が碇泊中。

マンハッタン橋を渡ってマンハッタン区に帰り、支那街を通った。支那街はどこの国へ行っても同じ格好の街である。

午後二時過ぎから雪が降りはじめた。ニューヨークで最初に新聞を発行したという古い小さな建物を見た。銅板にそのいわれを書いたものを建物にかかげてある。またその近くで、もと海賊が住んでいたという家を見た。シティー・ホール・パークは、昔、オランダ人が牧場にしていた野原だったが、その後、イギリス政府の公有地となった。その時代にはこの地所はまだ広かったが、ナッソー街の西部一帯およびアン街の北部はオランダ時代に売却され、また南部一帯は一八六九年郵便局建築敷地として連邦政府に売却されたので、現在公園地となっている地域は僅か九エーカーに足らぬようになった。市役所の庁舎は一八〇三年に起工し、一八一二年に竣工したが、二階建てで、大ニューヨークの市庁舎としては貧弱である。

ノース・リバー・サイドに出て、五十セントの料金を払い、ホランド・トンネルを通りジャージー市に入る。さらにホボーケン町を通過してハドソン川に沿って上り、川岸でエンパイアー・ステート・ビルが見えたので写真をとった。それからまた五十セントの料金を払ってジョージ・ワシントン橋を渡る。この橋はアメリカで最も長い橋で、工費六千万ドルを要したという。車の中からポロ・グラウンドを眺めた。

ニューヨーク大学を視察する。この大学の建築物の中で最も壮大なホール・オブ・フェームは元来図書館であるが、偉人崇拝の精神的感化の大きいことを考慮して、アメリカにおける偉人の銅像パネルが陳列されている。これは五年ごとに五名のアメリカ偉人を選定してパネルを銅製して陳列することになっている。この選定委員は知名な教育家、評論家、著作家・司法官など百名の委員によって構成されている由。そして、その経費はこの目的に賛成したミス・ヘレン・グルドが寄附した十万ドルの基金から支弁されるという。午後四時過ぎだったが、学生が軍事教練をやっていた。

コクマイ・ホームへ帰ったときは日はとっぷり暮れていた。

私はアメリカに上陸して以来、各鉄道の現況を調査したが、万一調査の誤りがあってはいけないのと、一つにはアメリカの各鉄道における客車の構造と空気調整装置に関する確証を得るため、次の鉄道会社の技術長あて質問書を発送した。

(1) Mr. J. W. Megoff, Chief Mechanical Engineer, Atchison, Topeka & Santa Fe Railway Co.

Dear Sir : -

We should like to have some information from your Company in order that we may intelligently improve our railway operation in the Manchuria.

With this objective in mind, we have prepared the following questions:

1. The questions of Air-conditioning in the Passenger Car.

a. What kind of air-conditioning system has been taken by your Company ?
What kind of car has this operation ? And how many ?
Also who is the maker ?

b. When did you apply this system in your service ?
What is the result of this ?
Where did you have the most trouble in your system ?
How did you repair, or improve it ?

c. What did you do about air tightness of window for applying air conditioning ?
If you have the special installation of this, please send us an illustration.

d. What are the insulations of your air-conditioned passenger car's roof, wall and floor ?

e. How did you prevent the sun heat through the window glass ?

f. How much does your air-conditioning operation cost you ?

11. The questions of Express Passenger car.

a. What is the maximum speed and travelling speed of your express train ?

b. What is your sound-proof insulation of your express passenger cars ? (How did you prevent the noise and sound ?)

c. What kind of material is used for truck spring, and for brake shoe in your passenger car ?

d. Are your railways using pneumatic tired or solid rubber tired wheel ? If so, please let us know those results.

e. What kind of axle box and roller bearing are applied to your express passenger cars ? Also what kind of grease do you use for them ?

f. What kind of truck center plate and side bearing are used by your railway for express passenger car ?

g. May we have general drawings of your best express passenger car ? (Elevation, plan of body, and truck, etc.)

If you are in a position to answer these questions and will kindly do so, it will be very much appreciated by the writer.

Yours very truly,
Y. Ichihara
Chief Engineer in Car Designing Section
Railway Department
South Manchurila Railway Company.

（以下同文）

Y. Ichihara
South Manchuria Railway Co.
60 East 42 nd Street, New York, N. Y.

（2） Mr. W. B. Whitsitt, Mech. Eng.,
Baltimore & Ohio Railroad.

（3） Mr. A. F. Leppla, Mech. Eng.,
Chicago, Rock Island & Pacific Railway.

（4） Mr. L. P. Michael, Chief Mech. Eng.,
Chicago & North Western Railway.

（5） Mr. A. G. Trumbull, Chief Mech. Eng.,
Chesapeake & Ohio Railway.

（6） Mr. W. O. Moody, Mech. Eng.,
Illinois Central Railway.

（7） Mr. H. M. Warden, Chief Mech. Eng.,

Missouri-Kansas-Texas Railway.

(8) Mr. J. C. Hassett, Mech. Eng.,
New York, New Haven & Hartford Railroad.

(9) Mr. P. W. Kiefer, Chief Engineer,
New York Central Railroad.

(10) Mr. F. W. Hankins, Chief M. P.
Pensylvania Railroad.

(11) Mr. G. McCormich, General Superintendent,
Southern Pacific Railway.

(12) Mr. J. W. Highleyman, General Superintendent,
Union Pacific Railroad.

（フィラデルフィア）

十一月十五日（水）

地下鉄でペンシルバニア駅へ行き、三井物産支店の古藤氏に会って、同氏とともに午後九時発列車でフィラデルフィアへ向かった。十時三十分フィラデルフィアのノース・ステーションに到着。直ちにエドワード・ジョージ・バッド製造会社を訪問して、ステンレス鋼製客車の説明を聞き、現場を視察した。午後二時に同社を辞して帰途についたが、会社の前に数十名の人々がストライキをして右往左往していた。彼らは、ストライカーと書いた板を肩からつるしたり、布にストライカーと記したものを腕に巻き、あるいは帽子にかざしたりして歩いている。決して口でしゃべって他人に訴えるようなことはやらぬ。私はこのストライカーを写真にとりたいが、彼らが怒りはしないかと気づかって、建築物を写すふりをして写真機を出したところ、一人のストライカーが私に近づいてきて、写真をとるのかと聞く。私が写しても差し支えないかとたずねると、彼は、いいとも、撮影して日本へ送ってくれという。そして三人ほど並んで快く撮らしてくれた。ノース・ステーションの食堂で昼食をとり、午後二時三十五分発の列車でニューヨークへ戻った。

（ニューヨーク）

十一月十六日（木）

午前中はホームで調査研究に過ごし、午後は五番街へ行き、ハリソン商会で日本への土産品を買い求めた。それからメーシー・デパートメントに寄ってみたが、大して珍しいものは見つからなかった。今晩は、新任の満鉄ニューヨーク事務所長の長倉氏が日本人倶楽部で披露するというので、私もこれに出席した。参会者十二名。

十一月十七日（金）

午前中は自室で調べものに過ごし、午後、満鉄ニューヨーク事務所へ出社、午後二時三十分、三井物産支店を訪ね、多田氏と空気調整装置の件について話し合った。

午後六時三十分から日本人倶楽部において、満鉄ニューヨーク事務所長を退任する郷氏と新任の長倉氏が、在ニューヨーク日本人を招待するので、私も出席した。集まった日本人は八十名余り。石田三井物産支店長、風間三菱商事支店長および総領事の満洲に関するスピーチがあったが、いずれも満洲国建国以前の満洲観であって、満洲国建国後、急テンポに変貌した現在の満洲とは違っていて、私にはピンとこなかった。

十一月十八日（土）

午前中は自室でアメリカにおける各鉄道の調査をなし、午後は散歩に出て七番街の劇場へ入った。黒人のダンスがなかなか達者である。喜劇では役者のしゃべるスラングが了解できれば一そう面白いだろうと思った。

夜はホームで調査をなし、満鉄本社へ第六信の報告書を発送する。

十一月十九日（日）

午後から公園めぐり。まずマウント・モーリス公園へ行く。リスが私の近くまでやってきたので、ピーナッツをやると、リスはそれを芝生を掘って中に入れて貯える。冬の準備と思われた。丘の上にモーリス将軍が独立戦争で戦った記念の鐘がある。丘から眺めると、五番街を通してエンパイア・ステート・ビルがはるか遠くにかすんで見える。次はセントラル公園へ行って、グリーン・ハウスへ入った。一室すべて菊の花盛りで大そう美しく、日本へ帰ったような気持がする。ハーレム・レークには薄氷が張っていたので写真にとった。この公園でも、リスが樹に登っていた。夕食は二十九丁目街の末広亭ですき焼きをとった。

本日発行のニューヨーク・タイムスに次のような記事があった。記事中エキスパートとあるのは私である。

The New York Times, Sunday, November 19, 1933. Manchukuo to Speed Up Trains.
Mukden (AP)-The Japanese-owned South Manchuria Railway has sent expert to the United States to study fast train operation with the idea of making the express from

Dairen to Hsincking one of the fastest train in the world.

十一月二十日（月）

午前十一時にコクマイ・ホームを出てペンシルバニア駅へ行き、パス・ビューローを訪ねて本年末までの定期無賃乗車券を発行してもらった。駅の食堂で昼食をすませて満鉄ニューヨーク事務所へ行ったところ、先日私から各鉄道会社の技師長宛に発信した質問書に対する回答書面が届いていたので、それぞれに対して謝礼の書面をしたためて発送した。大連の満鉄本社へステンレス鋼製客車の図面および型録を送付する。

十一月二十一日（火）

午前十時に三菱商事支店を訪ね、同社のサリバン氏と同道でプルマン会社を訪問。プルマン・スタンダード・カー・エキスポート会社の社長ジェンクス氏と副社長マクドナルド氏に面会し、空気調整装置について満鉄の状況を説明し、彼らからはプルマン式についての話を聞いた。マクドナルド氏が㊙扱いだという空気調整装置に関する調査書類を見せてくれたので、私は要点を写しとった。

夜、大連の満鉄本社へ第七信の報告書を発送する。

十一月二十二日（水）

昨日プルマン会社のマクドナルド副社長の説明を書きとめた空気調整装置の両数に不足があったのを発見したので、さらに訪問して誤りを訂正した。私から三井物産支店と三菱商事支店へ同時に手交しておいた満鉄の空気調整装置に関する仕様書が、プルマン会社へ届いているのを見せてくれたが、三菱は十一月八日に図面その他の要項を通知しているが、三井からは十一月八日付書面を以て、私がプルマン会社へ説明に行くと書いてある。三井へは私から三菱と同時に知らせてあるのに、かくもだらしのないことは三井物産らしくもない。あるいは三井物産支店長としてはキャリア式を満鉄へ推奨する考えで、プルマン会社に対しては積極的でないのかもしれぬ。プルマン会社においても不思議に思っている。

今日はアスヘンフェルター事務副社長およびゴルドン販売副社長にも面会して、空気調整装置に関して話し合った。ゴルドン氏が、満鉄は三井物産と三菱商事とどちらがよいと思うかとたずねるので、私は、いずれも日本における大商事会社で信頼されている。満鉄は物品購入の際は、いつもパブリック・テンダーであるから、どちらでも要求仕様書に合格した入札価格の安いほうへ注文すると答えておいた。

プルマン会社の電話を借りて、私から三井物産支店の多田氏へ、早速プルマン会社へ図面および仕様書を送付するよう注意し、三菱商事支店の続氏へは、私から第二回目にプルマン会社へ交付した詳細は明朝届けることを電話した。プルマン会社を辞し、満鉄ニューヨーク事務所へ寄って、ペンシルバニア鉄道の技師長宛の質問書と、シカゴ・エンド・ノース・ウエスタン鉄道の技師長に回答書に対する礼状を発送した。

十一月二十三日（木）

午前、百二十五丁目街からI・R・C地下鉄でタイム・スクェアに行き、そこからB・M・T地下鉄に乗りかえてブルックリンへ行き、ブッシュ・ターミナル会社を訪問する。そして同社の運輸部長ストラス氏の案内で現場を視察した。この会社は一九〇〇年に設立されたもので、埠頭、倉庫、工場を所有し、工場は他者へ賃貸して、その工場に要する資材を埠頭、鉄道などから受け取って貸工場へ送り届け、それが製品になると、その製品を倉庫に保管または他の地へ輸送することを営業としている会社である。貸工場は百二十二ヵ所あるという。

ゼネラル・エレクトリック会社製造のウェルデッド・オイル・エレクトリック機関車七両をもって構内の入換作業をやっている。私はこの機関車を調査した。オイル・エンジンはインガーソル・ランド会社製で、三〇〇馬力、最高速度一時間に三〇マイル、機関車の重量六〇トン、車台は高さ二六インチのアイ・ビームを使用し、サイドは二、間に一個のクロス・ベアラーがある。この機関車の構造はすべて熔接されているのが特徴であり、私はそれを視察する目的でこの会社を訪問したのである。

視察を終えたのは十二時三十分。それからペンシルバニア駅へ行って今晩の三十七列車の寝台券を求め、メーシーおよびサックスの両デパートへ寄った。サックス・デパートで陳列された商品を見ていると、一人の女店員がメイ・アイ・ヘルプ・ユーといいながら寄ってきて私にアメリカ観をたずねる。私がアメリカの夫人および令嬢はいずれも顔の色は白いし鼻は高くて美しいといったところ、非常に喜び、そこらにいた女店員たちが集まってきて日本の事情を聞かせてくれという。そこにはパラソルが陳列されていたので、私はパラソルの話をした。日本ではパラソルを夏の日除けに用いるため大そう優美な高価なものを用いている。アメリカで販売しているような安物は日本では用いないと説明したところ、女店員たちは、五番街のサックスに行けば高価なパラソルもあるから、ぜひ見て下さいという。また一人の女店員は、自分の弟が神戸で英語の教師をしていると話した。

コクマイ・ホームへ戻り、夕食後はホールで皆々と雑談した。午後九時三十分ホームを出てペンシルバニア駅へ行き、午後十時三十分発予定の三十七列車の寝台車に乗り込んだが、ボストンから来る列車が遅れたため発車は午後十一時になった。

（ピッツバーグ）

十一月二十四日（金）

定時ならば午前八時五分にピッツバーグ駅着のはずであるが、昨夜ニューヨークを遅発したため、取りかえしがつかず、午前八時三十分にピッツバーグ・イースト・ステーションに着いた。この駅はウエスティングハウス・エレクトリック会社と接続しており、この同社のために設置された駅であると聞いた。私は早速同社を訪問し、まずウエスティングハウス・インターナショナル会社の技師に面会した。ニューヨークの同社の技師も来社していて同席した。また、その席へ鉄道技術を担当する技師も顔を見せた。彼ら三人からウエスティングハウスの空気調整装置に関する説明を聞き、私からは満鉄が要求する客車の空気調整装置、客車の構造、満洲の気候などについて説明した。ペンシルバニア鉄道では客車一両をウエスティングハウス・エレクトリック会社へ提供して空気調整装置に関する研究を依頼していると聞いたので、私はその現車を視察した。

彼らとの会談は午前九時から始めて午後まで続いたので、いささか疲れた。今夜はピッツバーグに一泊し、明日はウエスティングハウスの一般工場およびマイカータの製作状況を視察する予定であったが、N・R・A運動のため土曜日は全休だということを聞いたので、あらためて訪問することにした。

夜はウエスティングハウス・エレクトリック会社の営業部長に招かれて、実業家の集まるクラブで晩餐をとった。アメリカでは禁酒令が布かれているので、営業部長はあらかじめウイスキーを入れたフラスコをポケットにしのばせていたが、地下室のバーへ行ってカクテルを作らせた。私はカクテルを三杯飲んでいい気分になったが、そのとき一人の警官が警棒をぶらさげて地下室へ突然現れたので、その一瞬驚いた。しかし警官がバーテンダーに言ってビールの饗応を受けているのを見て胸を撫でおろした。
午後九時五十七分ピッツバーグ駅発列車でニューヨークへ向かう。

（ニューヨーク）

十一月二十五日（土）

午前七時五十分、列車はニューヨークのペンシルバニア駅に到着し、直ちに地下鉄でコクマイ・ホームへ帰った。午後はモーニング・サイド公園へ散歩に出る。公園といっても小さいものである。ニューヨークでは、どこの公園にもリスがいて、人間によく慣れていて近寄ってくる。ここでグラント将軍の墓を見た。

それからリバー・サイドを散歩して、バスで五番街へ行き、ラジオ・シティ・ビルに入って見た。新しい建築だけあって、なかなかよくできている。一階の周囲は商店になっている。このビルは二つから成り立っていて、中間に道路より低い中庭のある珍しい計画である。ビル内のロキシイ劇場は満員らしく、外で待っている観客もいた。七番街四十三丁目あたりにアメリカ人経営のすき焼き店があり、ショーウインドで日本婦人がすき焼きのマネキンをやっていた。リボリ劇場へ入って映画を見る。ニュースの中に、日本版として東京が出てきた。浅草の松屋デパートが現われて、ルーフではケーブルカーが走っている。浅草の観音さん、銀座街。銀座の夜景イルミネーションも現れたが、ニューヨークのタイムス・スクェアの夜景を見た目には田舎じみた感じがする。国技館の相撲、歌舞伎座の芝居も現われた。コクマイ・ホームへ帰ったのは午後六時である。

十一月二十六日（日）

午前中はホームで空気調整装置に関する調査。午後は友人とともにセントラル公園へ散歩に出て、ラグビー、フットボールの競技を見物し、温室へ入って菊の花を写真にとった。夜は大連の満鉄本社へ第八信の報告を書き、また三井物産支店からの空気調整装置に関する質問に対する回答書をしたためた。今日は一日中暖かで、薄いオーバーで充分だった。夕方から雨が降りはじめる。

十一月二十七日（月）

昨夜の雨はやんでいたが風が強く吹いている。窓をあけてみると風が冷たい。昨日とは気候がすっかり変わっている。満鉄ニューヨーク事務所へ出社したところ、シカゴ・ロック・アイランド鉄道から回答書が届いていたので、礼状をしたためて発送した。三井物産支店の多田氏から電話があって、水曜日午後二時三十分、三井物産の事務室で、キャリア・エンジニアリング会社の技師が私に会って質問したいことがあるとのこと。またスケネクタディのゼネラル・エレクトリック会社から、私に空気調整装置に関する説明に来てもらいたいとのこと。夜はコクマイ・ホームの自室で空気調整装置について調べていたところ、時のたつのを忘れて午前二時になり、急いでベッドに入った。

十一月二十八日（火）

今日は大連への土産物を買い求めるためデパートなどを歩いた。夜はホームの自室で空気調整装置の研究と計算をして、就寝したのは午前一時だった。

十一月二十九日（水）

午前中はキャリア・スチーム・エジェクター式について研究する。午後二時三十分から三井物産支店でキャリア・エンジニアリング会社のステーシィ氏とラシャール氏に会い、午後五時まで空気調整装置について会談した。

十一月三十日（木）

今日は「サンクス・ギビング」感謝祭の日で、会社、商店いずれも休業である。日本の新嘗祭に似たもので、自分たちが食事のできることを神に感謝する日。アメリカ人は主として七面鳥（ターキー）を食べる風習がある。また日本における節分の日に似ていて、子供が大人の風をしたり、大人が子供の格好をしたり、男子が婦人の服装をしたものなどが、おどけながら道をねり歩く。

午前十時三十分、コクマイ・ホームを出て、電車でアップ・タウンに向い、ハーレム川を渡って電車の車台の写真をとった。百五十五丁目駅の隣のポロ・グラウンドではフットボールの競技が催されているようで、選手や観客の下車する者多し。プットナム橋を渡り、ハーレム川の東側の川岸に沿ってワシントン橋まで行く。ここにニューヨーク・セントラル鉄道のヤードがあるので視察に行ったのであるが、今日は祭日のため従業員の姿もほとんど見えず、無断で構内へ入って客車、貨車を視察した。客車はいずれもコーチ・カーで、参考になるようなものではなかった。貨車の車台のサイド・フレーム（鋳鋼製）がちょっと変わっていたので写真をとった。

今日は暖かくて、歩くと汗をかく。ワシントン橋のほとりにはベンチが並べられて、男女が腰かけて日光浴をしている。アメリカの某会社が女優を募集するとき、入社後は毎日必ず一時間以上日光浴をすること、リンゴを食べること、ミルクを飲むことを条件としていることからみても、いかにニューヨーク人に日光浴が必要であるかがわかる。ワシントン橋を西に渡り、フォート・ツリオン公園と称する所へ行ったが、公園とは名ばかりであった。

地下鉄インデペンデントの百九十一丁目駅のあるところが、アップ・タウンの最も地勢の高いところで、ここから地下鉄に乗るにはエレベーターで下りなければならぬ。駅には四基のエレベーターが

ニューヨークのタイム・スクェア

あって乗客を上下に運んでいる。私は百九十一丁目駅からタイム・スクェア駅まで乗った。タイム・スクェアは大へんな人出である。日本でいう広告祭のようなことをやっているので、その見物人が押し寄せているのだ。映画館の前に汚らしい子供が四、五名集まってダンスをしていた。顔に黒い炭を塗った者、白粉をつけ、口紅をさした者もいた。サンクス・ギビング・デーだからだろう。五十丁目街から地下鉄で百二十五丁目街へ戻り、マウント・モーリス公園に入ったところ、少女数名が私の前へきておカネをくれとねだる。これらの少女は大人の服装をしていた。私は記念のため彼女らの写真をとって少女たちを引率している婆さんにお金を与えた。

午後六時過ぎからコクマイ・ホームではサンクス・ギビング・デーのご馳走があった。晩餐が始まる前に鉄道省の佐藤氏が訪ねてきたので、一緒に食事をして散歩に出た。夜は午前一時まで空気調整装置に関する調査をする。

十二月一日（金）

ニューヨークに着いてから、もう一カ月以上過ぎたので、何だか気が落ちつかなくなる。午後二時まで空気調整装置に関する計算をした。

三井物産支店の多田氏へ電話をして、スケネクタディのゼネラル・エレクトリック・インターナショナル会社へは、日曜日の午後三時ニューヨーク発列車で行くことを約束した。フランスのパリ滞在の満鉄留学生長谷川氏に、私のヨーロッパにおける鉄道パスの件に関する書面を発送する。

十二月二日（土）

三井物産支店を訪ねて、スケネクタディ、デトロイト、シカゴ行きについて打合せ、それぞれの会社への紹介状をもらった。それから満鉄ニューヨーク事務所へ寄ったところ、ユニオン・パシフィック鉄道およびアチソン・トペカ・エンド・サンタフェ鉄道から回答書が届いていたので、それぞれに対して礼状をしたためて発送する。

十二月三日（日）

（スケネクタディ）

午後一時三十分にコクマイ・ホームを出て、地下鉄でグランド・セントラル駅に行き、しばらく待ってアッパー・レベルから列車に乗った。発車して十分くらい進行する間はトンネルである。今日は朝から曇っていて、今にも雨が降りそうな天気である。汽車に乗ってから何だか疲労を覚えた。そのころ列車内へコーヒー売りが現れたので、ソーダー水と思って買って飲んだところ、それはビールだった。ビールを飲んだら疲労がすっかり消え失せ、酒も薬という言葉はこれだなと思った。

午後六時四十五分に列車はスケネクタディ駅に到着。早速タクシーでホテル・バン・カーラーへ行った。バン・カーラーという名称が日本語でいうバンカラに似ていて面白く感じたので、ホテルのポーターにその語源をたずねたところ、次のことがわかった。一六六一年にアーレント・バン・カラー氏がモハウクからスケネクタディを買い求めたので、このスケネクタディ市にはホテル・バン・カーラーとホテル・モハウクがある。

スケネクタディの街で有名なものは、ゼネラル・エレクトリック工場とアメリカン・ロコモーティブ工場であるが、近年は不況のため生産高も多くなく、ホテルも淋しい。

このスケネクタディと鉄道との関係は古い歴史を持っている。一八三一年にジョージ・ダブリュー・フェザーストン氏はアメリカ最初の蒸気鉄道を開設した。それはスケネクタディ—アルバニー間一七マイルで、ここから現在のニューヨーク・セントラル鉄道一万二千マイルに成長したのである。

夕食後この街のメイン・ストリートであるステート・ストリートを散歩したが、田舎の都会という感じがした。

十二月四日（月）

このホテルでは、朝食は室へ運ぶという注意書きがあったので、電話で料理室へ注文した。やがて料理室の男が赤塗りのテーブルに注文した料理をならべて運んできた。なかなかサービスがよい。

午前十時にゼネラル・エレクトリック・インターナショナル会社を訪ね、まず三井物産支店から紹介のあったホリイ氏に面会、同氏からクライン氏を紹介された。午前中は私から満鉄の車両の構造ならびに満洲の気候について説明し、午後は同社運輸部のベイレー氏を紹介されたので、また一通り空気調整装置について説明した。設備部長のホッジ氏にも紹介された。同氏はシカゴのウエスト・テイラー街にあるエディソン・ゼネラル・エレクトリック・アップライアンス会社のマッゴウェン氏への紹介状を書いてくれた。クライン氏からはエリーのゼネラル・エレクトリック会社の技師長アンドリュー氏への紹介状をもらった。

午後二時三十分からクライン氏の案内で工場を視察。午後四時過ぎようやく視察を終えて、ホテル・バン・カーラーへ戻り、シャワーを浴びて疲れをほぐす。夕食後メイン・ストリートを散歩したが、見るところもなく、すぐホテルへ戻り、ゼネラル・エレクトリック会社でもらった空気調整装置の説明書を読む。

十二月五日（火）

午前七時に目覚め、ブラインドをあげて窓外を眺める。今日も空模様悪し。朝食後ステート・ストリートを散歩、アメリカ独立戦争のときの勇士の記念碑の写真をとり、ホテルへ戻ってホテル全景を写した。

午前十時にアメリカン・ロコモーティブ会社を訪問し、マネージャーのアリソン氏を訪ねたところ不在。しかしインフォーメーションには私のことをすでに話してあったとみえて、さっそく庶務課に案内して工場視察許可証を渡され、大連、青島、朝鮮へ出張したことがあるというウイレット氏が工場内を詳細にわたって案内してくれる。そのうちアリソン氏が現われて一緒に案内してくれた。工場は不況のため作業が少なく、視察するのが気の毒なくらい。ラカワンナから注文のディーゼル・エレクトリック機関車十二両が製作中のほかには目ぼしい作業はなく、ニューヨーク市の水道局から注文を受けた鋳鉄管の継ぎ手を旋盤で仕上げていた。鍛冶職場などはガランとして、テニスコートがいくつもできるほどだった。ディーゼル・エレクトリック機関車は一〇〇トン、六〇〇馬力で、入換機関

アメリカン・ロコモティブ会社で製作していた 100 トン・
ディーゼル・エレクトリック機関車

車の由。エンジンはマックィントッシュ・エンド・セイモア会社製でアンダー・フレームは一体鋳鋼製でうまくできていた。午前十一時三十分、同社を辞去。

昨日、ゼネラル・エレクトリック会社のクライン氏がプルマン・カー座席を予約してくれてあるので、駅へ行って午後四時二十一分発のプルマン・カー座席券を求めようとしたが、この列車はミシガン・セントラルを通過するもので、私が所持するニューヨーク・セントラル鉄道の定期無賃乗車券では乗れぬという。それでほかの列車を探したら午後二時三十九分発の列車があった。時計を見ると二時十分である。大急ぎでホテルへ戻り、勘定をすませてタクシーで駅へかけつけ、やっと列車に間に合った。こんなことで寝台がとれなかったため、旅程を変更してバッファロ駅で下車することにした。午後五時三十五分、列車はシラキューズの街へ入った。日はとっぷり暮れて、赤い灯、青い灯の中を列車は静かに走る。車窓から街の商店のショーウインドが眺められるなどは珍しい。

午後七時三十分ラチェスター駅に着く。この駅を発車してすぐ右側に、塔のような建築物が暗がりの中に見え、赤い電灯がたくさんついている。だんだん進むとコダックと書いた明るいサインが見えた。写真機製造のコダック会社である。午後八時五十分にバッファロ駅に到着したが、ここで一泊してナイアガラ・フォールへ行くのは馬鹿らしいから、また旅程を変更し、バッファロ駅で列車を乗りかえ、まっすぐナイアガラ・フォールへ行くことにした。午後九時五分にバッファロ駅を発車し、午後十時、ナイアガラ・フォール駅に到着。

（ナイアガラ）

駅のインフォーメーションで高級ホテルをたずねようとしたが、時間がおそいためか誰もいない。そこにタクシーの運転手がきて案内しますというから、この土地で一番大きいホテルへ案内するように頼む。運転手はナイアガラ・ホテルへ案内してくれた。ホテルでは一〇六号室に案内された。窓の外を眺めても暗くてよく見えぬが、水の音が聞こえることから考えるとナイアガラ滝は近いようだ。今夜ホテルで土地の人たちの何か催し事があるためか、紳士淑女が美しく着飾って次々やってきて、エレベーターで上にあがる。エレベーター・ボーイに何があるのかとたずねたら、今夜十二時が過ぎるとアメリカにおける禁酒令が解禁されて、酒が自由に飲めるのだという。それで、かくも多数の男女がホテルに集まって来ることが了解された。

十二月六日（水）

午前七時に目覚めた。今朝は天候悪く、今にも雨が降り出しそうであったが、やがて降りはじめ、風も相当に強い。九時過ぎ雨は一時やんだので、駅へ行ってナイアガラ滝見物の説明書を探していたところ、タクシーの運転手が近寄ってきて、自分の写真入りの名刺を出して見せ、自分はこの地で十数年間案内している者だから信用して名所案内をさせて下さいと盛んにすすめる。案内料金は三時間で五ドル、二時間で三ドルという。季節柄、観光客は少なく、不景気らしい。二時間三ドルの約束をして一応ホテルへ戻り、あらためて駅へ行ったのは午前十一時だった。

彼の案内で見物を始める。カナダへの橋を渡るとき通行税一〇セント、橋を渡ったところでカナダの官吏からパスポートの検査があった。タクシーの運転手のいうのには、日本人はドイツ語をよく話すが自分も話せる。自分はアメリカ生まれであるが、両親はドイツ人だから家庭ではドイツ語を用いているといっていた。

まずオールド・バーニング・スプリングへ案内した。入場料は五〇セント。暗い室の中央に浅い井戸のようなものがあって、底に深さ一呎足らずの水が溜まっている。そこにパイプが出ていて、それから出るガスに火を持ってゆくと点火して燃える。水面でも盛んに燃える。今度は二階へ案内し、ナイアガラ滝を樽に入って下ったという男(一人は死亡し、一人は成功したという)の写真や当時の新聞記事、メダルなどについて説明した。私はルーフへ出て写真をとった。下に降りると土産品の売店があって、店員は盛んにすすめるが、大して珍しいものはなかった。

次にゴート・アイランドへ行く。ここはアメリカン・フォールとホースシュー・フォールの中間にある小島で、島の周囲には道路があって島めぐりができるようになっている。一九一八年に上流から流れてきた船があって、滝つぼに落ちる寸前に岩か何かにぶつかってとまったという船の残骸が、まだそのままになっていた。

今度はガバーメント・ビルへ案内される。そこで滝の裏を見物するようにすすめられたが、私はつまらないからよそうというと、館員が私に、いま日本人が三名降りて行って見物しているから、あなたもどうですかとすすめる。それではといって一ドル払い、借りうけたゴム長靴をはき、ゴムのレインコートを着せてもらってエレベーターで降りた。エレベーターを出ると突然日本語で私に挨拶する者がある。それは私がニューヨークのコクマイ・ホームで親しくしていた近藤氏と、コクマイ・ホームに数日滞在した日本火災保険会社の山崎氏夫妻であった。館員が言った三名がまさか私の知っている人たちとは思いもしなかったことで、全くの奇遇である。三人は日本へ帰国の途中の由。私のレインコート姿をタクシーの運転手が記念のためといって撮影してくれた。

このガバーメント・ビルの前庭からは、アメリカン・フォールおよびホースシュー・フォール、どちらもよく見える。滝の落下するところに起こるしぶきは水煙となってまことに壮大なものである。

アメリカン・フォール　高さ一六七フィート　幅一〇六〇フィート

ホースシュー・フォール　高さ一五八フィート　幅三〇一〇フィート

一分間の落下水量　一、五〇〇万立方フィート

カナダ側からアメリカ側へ戻るときは行きと違った橋を渡ったが、ここでも通行税一〇セントとられ、アメリカ側でまたパスポートを調べられた。見物を終えて午後一時にナイアガラ・ホテルへ戻る。近藤氏と山崎氏夫妻が訪ねてきたので、ホテルの食堂で昼食を共にした。ナイアガラ・フォールの町は滝のほか見るところもないので、三人と私の室で夕方まで話して過ごす。夕食はレストランですませ、午後八時二十分ナイアガラ・フォール駅でミシガン・セントラル鉄道の列車に近藤、山崎夫妻三氏と同車、シカゴへ向かった。

列車はいったんバッファロ駅に戻り、そこから連結を換えてシカゴへ向かう。列車がバッファロ駅を出てから食堂車へ行ったところ食堂の給仕が、列車がカナダへ入ると酒は飲めぬことになるから早く飲んだほうがいいとすすめる。ビールを飲んだ。果たせるかな、列車が鉄橋を渡るとカナダの官吏が食堂に来て、酒類にはすべて封印して行った。

（シカゴ）

十二月七日（木）

寝台車の中で目覚めたとき私の時計は午前六時を示していた。シカゴ時間はニューヨーク時間より一時間遅れていることを私はうっかりして、時計をなおすことを忘れていたので、今朝は結局五時に起床したことになる。午前八時十五分シカゴ着のはずが三十分くらい遅着した。アメリカの列車はこれくらい遅れるのは普通だというから仕方がない。

スーツ・ケースを駅に一時預けにして、カフェテリアで朝食をすませ、プライベート・タクシーを雇ってサイト・シーイングをやる。ラ・セール駅から出発してミッド・タウンの銀行その他の建築物を眺め、ノース・シカゴへ向った。途中世界一大きい建築物といわれるマーチャンダイス・マートの写真をとる。この建物の建設費は三、〇〇〇万ドルの由。またヨーロッパ大戦記念塔を見た。次にサウス・タウンへ行ってニグロ街を通り、帰りにはシカゴ万国博覧会閉会後の跡を見た。

午後一時三十分からスウィフト会社のユニオン・ストック・ヤードを見物に行く。当所の設立は一八六五年で、その面積は五〇〇エーカー、廊下の延長二五マイルと説明された。案内人に従って歩く。第一屯所でブーブーと泣く豚の声が聞えた。それは豚がナイフで切られて殺されているのである。「能力一時間に七五〇頭の豚」と掲示してある。見物の途中、会社からコーヒーとハムのサービスがあった。次は牛の屠殺現場。観覧車が立っている所より高い所に長い廊下があり、そこを屠殺される牛が次から次へと列を作って従業員に導かれて歩いてくるのが見える。牛歩という言葉の通り、牛はゆっくり歩いている。屠殺されることを知っているのであろうか。見ていて可哀そうになった。やがて一頭が臨終に近づき、廊下からスロープを滑り落ち、ギロチン台で首を切り落され、胴体と別れて現われ、自動運搬装置で運ばれ、次の工程で外皮をもぎ取られ、肉体はロープによって貯蔵室へ運ばれて行く。「牛肉の仕上げ一時間に一八〇頭」と記されていた。山羊はこのギロチン台によらず、ロープで頸をしめ殺されていた。

ミッド・タウンに戻ってホテルを探し、ハリソン・ホテル四〇九号室に宿泊。

十二月八日（金）

午前七時に起床。小雨が降っていた。午前十時にプルマン・カー会社を訪問、社長補佐テスト氏に面会し、同氏から副社長スローン氏を紹介された。私はスローン副社長に満鉄客車の空気調整装置に関する話をしたが、同氏の話によると、プルマン会社では鉄道会社に売るために空気調整装置を製作しているのではなくて、自社の車両に設備する目的で製造しており、他の鉄道会社へ供給するにしても、その鉄道の車両をプルマン会社の工場へ入れて取り付けているので、満鉄要求のものを引受けるや否やに関しては社内で一応相談の上、来週月曜日に回答するということであった。

十二月九日（土）

午前九時三十分ホテルを出て、テーラー街五六〇〇番地にあるエディソン・ゼネラル・エレクトリック会社を訪問するため電車に乗って終点で下車したが、そこはテーラー街二〇〇〇番地で、目的の五六〇〇番地はまだまだはるかに遠い。時はだんだん経過する。今日は土曜日で会社は正午までの執務だから、探して行ってみても間に合わぬかもしれず、残念だったが今日の訪問を思い切ってやめにした。

それからミッド・タウンに戻って市街見物。クリスマス前なので買物に出歩く婦人が多いようだ。救世軍の慈善鍋の前で赤い服を来た婦人が寒そうにベルを鳴らしているかと思えば、ストライカーのマークをかけた淋しそうな男が、クリスマスなど来そうもないといった顔付きで歩いて行くのもあった。

十二月十日（日）

天気が悪くて暗いためか、朝寝坊して、起きたのは午前八時三十分だった。朝食後、ストニー・アイランド行きの電車に乗り、ジャクソン・パークで下車、科学産業博物館を見学する。石炭に関するものが主で、石炭を運ぶ車両、汽船、コーリング・ステーションなどを写真で説明している。洗炭機は水を流し実物でやっていた。映画による説明もある。港の橋が上がって、下を汽船が通過する模型は、ボタンを押すと動くようになっている。その他、農業用機械、牛乳機、セントリヒュージ、旧式機関車、風車井戸などがあった。

変わったものでは音楽に関する資料があった。電気に関しては実際的なものを陳列して説明している。高圧電気炉についても子供にもよくわかるように説明してある。陳列品の数量からみれば大連の満洲工業博物館にはおよばないが、建物は立派である。この博物館の受付で私は満洲工業博物館のディレクターだと話したら、事務室へ案内して、この博物館のディレクターのクルーザー氏に紹介してくれた。

ミッド・タウンに戻り、ブロードウエイからリンコルン行きに乗りリンコルン公園で下車、シカゴ・ヒストリカル・ソサエティに入ったが、ここは歴史的なものが多く、私には大して興味を感ずるものはなかった。ここを出てリンコルン公園を散歩する。リンコルンやグラント将軍の銅像、このほかシカゴに来た最初の白人ラ・サールの銅像もあった。

午後五時からセントラル・ステーションを視察する。階上が待合室になっていて、一般待合室の外に婦人待合室もあった。一般待合室の一隅に鉄道沿線の農産物を陳列してある。またカラー写真に電灯の照明を当てて列車、客車を宣伝している。自動車が事故で壊れている写真を数枚掲げて、言わずして鉄道が安全であることを物語らしめている。

十二月十一日（月）

ミシガン街のプルマン・ビルにあるプルマン・カー会社の副社長スローン氏を訪問して、満鉄の客車の空気調整装置に対する入札に応ずるや否やの回答を求めたところが、見積り書を提出するということになった。スローン氏の紹介で、午後は同社の工場へ行って技師長カンドリン氏を訪ねることにした。ミシガン街のバン・ビュレン通の駅からイリノイス・セントラル鉄道の市外列車に乗り、百十一丁目街のプルマン駅近くのプルマン・カー会社の工場に技師長カンドリン氏を訪ねて、満鉄で計画している特急列車の客車に関する説明をする。そのあと、同社工場で客車に空気調整装置を設備している作業を視察。午後四時三十分を過ぎ、職場内も暗くなり、調査に骨が折れた。

十二月十二日（火）

今朝は早く目覚めた。朝食後ステート街を散歩する。昨日よりは幾らか暖かであるがやはり寒い。ホテルに戻って勘定をすませ、午前十時にハリソン・ホテルを出て、ラ・サール駅へ行く。この駅からはニューヨーク・セントラル、シカゴ・ロックアイランドおよびサンタ・フェの三鉄道会社の列車が発着している。ちょうど十時三十五分発のシカゴ・ロック・アイランド鉄道の〝ロッキー・リミテッド〟列車がいたので、これを調査した。同列車のコーチ・カーの屋根は丸屋根で、満鉄が新線用に建造した客車と同型である。腰掛は二人掛けで中央には区切りの線がある。最後部のオブザーベーション・エンド・ラウンジ・カーは一般のものと変わりなく、展望室にはアーム・チェアがあり、ラウンジ室の椅子は回転するようになっていた。

私がこの駅で乗ったニューヨーク・セントラル鉄道のニューヨーク行き列車は午前十時四十五分に発車した。シカゴを去るに当たり、私のシカゴに対する感想は、列車が駅を離れて次第に遠ざかって行く街を車窓から眺めているうちに浮かんできた。私が最初にシカゴを訪問したのは十月中旬で、万国博覧会景気の上がっていたときであり、他国から集まってきている旅行者が多く、街を歩いても賑わっていた。そのとき私は美しいところばかり見た。私の調査研究もあって、見物は主として博覧会場に重きをおいた。しかし、このたびの第二回目のシカゴ訪問においてはシカゴの暗い部分も視察した。

一言にしていえば、シカゴは雑然とした、不潔な、気味のよくない街である。殊に場末に行くと日中でも気味が悪い。古い建築物を取りこわした跡の空地が所々にあり、そこが、不要になった家具や汚れ、こわれた物品その他塵埃の捨て場になっている。街を歩いても、街の区画が碁盤の目のようになっていないため、番地によって会社を探すにも探しにくい。市街電車も曲線路が多い。ニューヨーク市では無煙炭か重油を使っているため外出しても大した煤煙はないが、シカゴの街は煙が多い。シカゴはギャングの街というが、こんな街ならギャングも多かろうと思われた。新聞を読んで知ったのであるが、九日の午前二時ごろ私の泊まっていたハリソン・ホテルの近くのある仕立屋にギャングが押し入り、ピストルでその店の妻を射殺、警官一名も射たれて重傷を負い病院へかつぎこまれたという。

列車の中からニューヨーク・セントラル鉄道の家畜車を見た。側壁は透かしにして、棚を作って、二階になっている。列車は午後四時にトレド駅に着いた。シカゴからトレドまではセントラル時間であるが、トレドからニューヨークまではイースタン時間であるから、時計を一時間進める。セントラル時の午後四時二十分、イースタン時の午後五時二十分にトレド駅を発車。このトレドの街はずれにニューヨーク・セントラル鉄道の車両工場があるのが列車から眺められたが、貧弱な建物だった。

シカゴ〜バッファロ間　五二二・八マイル
バッファロ〜ニューヨーク間　四三八・七三マイル
計　九六一・五三マイル

これを十七時間四十五分で走行するのであるから、時速は五四・一七マイル。満鉄が計画中の大連、新京間七〇一・八キロ(四三五・四マイル)を七時間で走行すれば時速六二・二六マイル、八時間で走行すれば時速は五四・五マイルとなる。

列車は午後九時三十分エリー駅に到着、私はここで下車した。雪がどんどん降り積もっている。駅舎は暗い。駅の一方の街へ出たが、暗くてタクシーも見当たらぬ。前方を見るとローレンス・ホテルというイルミネーションが見えたので、ホテルの見当は付いた。そのとき折りよくバスが駅前に来たので、運転手にローレンス・ホテルの前を通るかとたずねたところ、通るというので、私は渡りに船と早速バスに乗ってローレンス・ホテルへ行った。三〇八号室に落ちつき、入浴してさっぱりする。

十二月十三日（水）

ゼネラル・エレクトリック会社への道順をホテルのポーターにたずね、ステート街へ出て東六番街から電車に乗った。昨日から降りつづいた雪が相当積もっているが、なおときどき降ってくる。ゼネラル・エレクトリック会社を訪問して、技師長のアンドリュー氏に面会を求めたが不在だったので、パーキンソン氏に面会し、同氏から客車の空気調整装置に関する説明を聞き、現場へ行って現物を調査した。

　この会社における経験はペンシルバニア鉄道の食堂車一両とコーチ・カー一両のみである。大体においてウエスティングハウス会社のものと同型であるが、空気圧縮機は、ウエスティングハウスのものは気筒二個、ゼネラルのものは気筒四個であるから、振動が少なくなっている。満鉄客車の電圧が問題になったが、私から二四ボルトと三二ボルト両様の見積をするように依頼した。

　なおパーキンソン氏の説明では、取引に関してはスケネクタディのインターナショナル・ゼネラル・エレクトリック会社のクライン氏が取扱うことになっているという。空気調整装置に関する話合いを終えて、パーキンソン氏は私を彼の自動車でホテル・ローレンスまで送ってくれた。

Ten o'Clock Scholars
Industry's Late Sleepers Are Now Awake—And G.E.
Can Help Make Up Their Lost Time

"工業技術の沈滞を破って急伸張"
G.E. 社の自信のほどを示す漫画

エリーのゼネラル・エレクトリック会社における用件をすましたので、午後三時一分エリー駅発の列車でニューヨークへ帰ることにした。列車が遅れているので待合室で待っていると、私に支那人かと聞く男がある。私は日本人だと答えた。すると彼は私に、日本は戦争するかと聞く。まるで喧嘩腰である。私はおとなしく、日本人は平和を愛する国民であって戦争は好まないが、もし他から戦争をいどまれるときは応戦すると答えたが、彼はなお悪口雑言して食い下がる。私は耐えかねて、それでは君とここでレスリングをやろうといって、彼の上衣の衿を左手で握り、首を締め、日本人はすべて柔道を身につけているから自分より大きい男でも楽々投げられるのだ、ここで投げつけてみようといった。彼はこわくなったのか、よくわかった、自分が悪かったとあやまって、おとなしくなった。私は彼に、君の言葉には訛りがあるのでアメリカ人ではないと思うがどうかと聞くと、彼はポーランド人だといった。待合室にいた多数の乗客が周囲を取り巻いて私と彼との会話を聞いていた。

やがて遅れた列車がホームへ入ってきた。午後三時二十七分発車。先刻待合室で私と言い争ったポーランド系アメリカ男が、私が乗っている客車に入ってきて隣に腰をおろして話しかける。うるさくなったので、私は、いま乗っているニューヨーク・セントラル鉄道が私に優待乗車券、しかも一カ年の定期券を交付していることを話し、それを彼に見せた。ところが彼も自分はこの鉄道の従業員であるといって乗車証を出して見せた。そして列車がバッファロ駅に到着したら市街見物の案内をいたしますという。私はバッファロの視察は駅長が案内することになっているといってことわった。

列車がダンクリク駅へ近づいたときアメリカン・ロコモティブ会社の工場があるのが見えた。その次のシルバー・クリーク駅を過ぎたところの小池では子供たちがスケートをやっていた。午後五時二十分バッファロ駅着。日はとっぷり暮れていた。私は駅長を訪ねた後、ニューヨーク行きの列車が出るまで市街見物をする。街の中心のラファエット広場に戦勝記念碑、図書館、ラファエット・ホテル、ラファエット劇場などがある。バッファロ市はニューヨーク州第二の都会である。午後九時十分バッファロ駅発の寝台車に乗ってニューヨークへ向かう。

（ニューヨーク）

十二月十四日（木）

午前七時四分、ニューヨークの百二十五丁目駅で下車、コクマイ・ホームへ帰った。満鉄ニューヨーク事務所へ出社すると、イリノイス・セントラル鉄道およびニューヨーク・ニューヘブン鉄道から私に対する回答書が届いていた。

十二月十五日（金）

一日中自室で書類の整理をする。大連の満鉄本社への第九信の報告書をしたためるのに相当時間を費した。

十二月十六日（土）

午前中は満鉄ニューヨーク事務所へ出社して、私からの質問書に対して回答をくれたイリノイス・セントラル鉄道およびニューヨーク・ニューヘブン鉄道にそれぞれ礼状を書いて発送、またアルミニウム会社およびコイン・ロック会社へそれぞれの型録の送付方依頼の書面を出した。

十二月十七日（日）

今日は天候はよくないが、日曜日なので、百二十五丁目街駅を午前十時十分に出るニューヨーク・ニューヘブン・エンド・ハートフォード鉄道の列車に試乗してニューヘブンへ行く。途中の海岸にブリッジ・ポートという街があったが、ここにはアッシュクロフト会社の工場があり、列車から見えた。午前十一時四十分ニューヘブン駅着。市街を歩いてみたが日曜日なので商店はすべて閉めていた。レストランで昼食にターキーを食べる。大そう美味であった。午前三時三十五分ニューヘブン駅発の列車でニューヨークへ向い百二十五丁目街駅で下車。雨が降っていた。夜はおそくまで空気調整装置に関する設計、計算をして、明朝キャリア・エンジニアリング会社の社長キャリア氏と会談する準備をした。

十二月十八日（月）

午前十時三十分から三井物産支店の事務室で、キャリア・エンジニアリング会社の社長キャリア氏に面会、彼から空気調整装置の設計に関する説明を聞く。私が昨夜設計、計算したものとほぼ一致した。それから満鉄ニューヨーク事務所へ行ったところ、大連の満鉄本社から、一般入札に対して各商事会社へ提出した空気調整装置の仕様書が私あてに送ってきてあった。

午後二時から三菱商事支店の続氏に会い、大連の満鉄本社から送付された空気調整装置の仕様書を見せた。ちょうどそこにウエスティングハウス会社のハスブロック氏がいたので、図面の訂正個所を知らせた。

十二月十九日（火）

今日はキャリア・エンジニアリング会社を訪問する約束だったが、朝から頭痛がするので、中止して、一日中コクマイ・ホームで静養する。

十二月二十日（水）

午前中は空気調整装置に関する調査、大連の満鉄本社へ第一〇信の報告書をしたためて発送する。

午後は満鉄ニューヨーク事務所へ行き、三井物産支店へ空気調整装置に関して電話した。今日は一日中雨。夜はホームの自室に閉じこもって調査に過ごした。

十二月二十一日（木）

午前、三井物産支店の多田氏に会い、明日キャリア・エンジニアリング会社を訪問することを約束した。午後は満鉄ニューヨーク事務所へ行った。

十二月二十二日（金）

午前九時三十分、三井物産支店のサリバン氏とともにニューヨークのキャリア工場へ行き、ラチャール氏に面会、私から質問の点を話し、カーペンター氏にも面会した。そのうち社長のキャリア氏も現れたので、ラチャール氏の説明で不明の点を午後にわたって質問した。そのあと工場を視察、午後四時三十分同社を辞し、コクマイ・ホームへ帰ったのは午後六時十分だった。

十二月二十三日（土）

今日は満鉄ニューヨーク事務所勤務のミス・タッカーが、在ニューヨーク満鉄社員を招待して正午から事務所でクリスマス・パーティを催すというので、私も出席した。集まった者は事務所員六名、留学五名、計十一名。

今朝のニューヨークの新聞で、日本の日付十二月二十三日午前六時皇太子殿下御誕生の吉報を拝した。お祝いが重なったので、一同大いにアメリカ製のライウイスキーを飲んで祝った。ミス・タッカーは自分の女友達二人を電話で呼び寄せてダンスを始めた。私も彼女たちからダンスを誘われたが、私はダンスはやらぬことにして、おけさ踊りをやった。事務所のミスター・ミヤカワも電話をかけて彼のガールフレンドを呼んだ。彼女はミス・マリーといって、日本の会津に長くいたことがあって、日本語が達者である。ミス・マリーは、日本の舞踊は好きだがダンスは嫌いだといって、彼女だけはとうとう誰ともダンスをしなかった。満鉄事務所の隣のアメリカ人の事務室でもクリスマス・パーティをやっていたが、閉会したとみえ、そこの婦人社員が私たちの室へ挨拶にきて、彼女らもしばらくウイスキーを飲んで遊んで行った。私どものパーティは午後四時過ぎに閉会。

（ボストン）

十二月二十四日（日）

昨夜は得見氏が私を訪ねてきて午後十二時までダイヤモンドの話をしていたものだから、私はとうとう寝ないで、午前二時十分ペンシルバニア駅発のニューヨーク・ニューヘブン・エンド・ハートフォード鉄道の列車でボストンへ向った。八時過ぎにボストン到着。駅の有料化粧室で洗顔、シェービングしてワイシャツを着かえ、駅の食堂で朝食をとり、タクシーを雇ってサイト・シーイングをする。ボストン市はニューヨーク市から東北二二九マイルの地点にあり、十八世紀中葉にはアメリカ最大の都会だった。一七七三年十二月十六日にボストン・ティー・パーティ事件が突発し、これがアメリカ独立戦争の原因となった。戦争中、ボストンはイギリス軍に占領されたが、一七七六年三月ワシントン軍はケンブリッジから南下して今日の南ボストンを占領し、三月十七日イギリス軍を駆逐して全市を回復したのである。

タクシーはまず駅を出発してワシントン街を通る。これはトレモント通りとともにボストン市の商業の中心地である。ファネイル・ホールはステート街にある。一七四二年ピーター・ファネイル氏が市へ寄贈した博物館で、「アメリカ人自由の揺籃」と称せられ、アメリカ独立に関する資料を集めてある。パウル・レベアーという古い家屋があった。それには一七七五年と記してある。ボストン最古のキングス・チャーチを見る。この近くにバーレールという街のまん中に珍しい墓地があった。コムモン公園は市の中央にあり、五〇エーカー足らずの小公園であるが、ここにワシントンの銅像がある。公園の北方にステート・ハウスがある。マサチューセッツ州の政庁である。コリント風建築で長さ三二〇フィート、高さ二一二フィートという。近くにリッチ・マン・クラブというのがある。富豪の集会する倶楽部である。ボストン大学はボストン街にあったチャールス川を渡るとケンブリッジ区であるが、北岸に工業学校があり、また少し行くとハーバード大学がある。アメリカ最古の大学であると聞いた。コプレイ広場の西側に図書館がある。ヘムウェー・パークを通った。美術博物館は日曜日は午後一時から開館するというので昼食をすませてから行った。そこの日本館の窓には日本紙を貼った障子を入れてあった。浮世絵、甲冑、刀剣、日本画、陶器、仏像などが陳列されていたが、陶器は六千点と聞いて、その数の多いのに驚いた。午後二時三十分まで大急ぎで見て回った。

十二月二十五日（月）

（ニューヨーク）

午後〇時五十分、百二十五丁目街駅発、ニューヨーク・セントラル鉄道の列車でハルモンに向かう。午後一時三十五分ハルモン駅着。ここは小さい田舎町で見るべきものはないが、ニューヨーク・セントラル鉄道はこの駅の構内に客車や機関車を置いてあるので、ここを視察する。ニューヨーク市からハルモンまでの列車はディーゼル・エレクトリック機関車で牽引してきて、この駅からは蒸気機関車に連結換えをして運行しているのである。私は午後二時三十五分ハルモン駅発列車に乗った。この列車はローカル列車で、コーチ・カーは一重窓ガラスである。午後三時四十五分ニューヨーク百二十五丁目街駅に着く。

夜はコクマイ・ホームでクリスマス・ディナーがあった。まずパーラーで、するめ、数の子、酢ごぼうなどでウイスキーを飲み、食堂へ移る。海苔巻に蛤の吸物をはじめ、七面鳥もあるご馳走で、日本における正月とお祭が同時にきた感がした。夕食後友人とともにタイム・スクェアを散歩、エンバッシー劇場へ入ってニュース・リールを見る。日本におけるスキー、日本と支那との戦争の写真が出てきた。ホームへ戻ったのは午後十二時前。

十二月二十六日（火）

午前八時起床。窓外を見るとまっ白で、まだまだ降っている。相当な積雪である。キャリア・エンジニアリング会社のラシャール氏とニュー・ヘブン行きの約束をしたのが十時五十五分だったが、私が駅へ着いたのは十時五十四分であった。それで午前十一時発の列車に乗る。列車は雪の中を走って午後一時前にニュー・ヘブン駅着。同行はラシャール氏のほか、セーフティ・カー・ヒーティング・エンド・ライティング会社のハガー氏もいた。駅からタクシーで雪降る中をセーフティ・カー・ヒーティング・エンド・ライティング会社に行き、同社の技師長フュールス氏の案内で工場内の客車用空気調整装置を視察。ニューヨーク・ニューヘブン・エンド・ハートフォード鉄道では、コーチ・カーをこの工場へ運び込んで空気調整装置を取り付けて試験していた。午後四時過ぎまで調査してニューヨークへ戻ったのは午後七時ごろだった。

十二月二十七日（水）

午前中は満鉄ニューヨーク事務所で過ごし、午後三時から三菱商事支店の事務室で、ウエスティングハウス・エレクトリック会社のハスブロック氏ほか三氏と面会、空気調整装置に関して話し合う。午後五時過ぎ三菱商事支店を辞し九十三丁目街の日本人倶楽部へ寄る。今日はクラブ・ナイトで、午後六時まず模擬店から始まり、午後七時三十分から余興が始まった。参会者は日本人ならびにアメリカ人男女計四百五十名の由。なかなか盛会であった。私はウエスティングハウス・エレクトリック会社の人たちと約束した空気調整装置に関する計算を今晩中にしなければならぬため、中途で日本人倶楽部を出てコクマイ・ホームへ帰った。

十二月二十八日（木）

午前中は満鉄ニューヨーク事務所へ出社し、午後三井物産支店を訪問、キャリア・エンジニアリング会社の空気調整装置に関する仕様書を受け取った。

十二月二十九日（金）

午前、三井物産支店を訪問、多田氏から、二十八日大連において満鉄へ見積書を提出するキャリアの空気調整装置に対する仕様書を受け取った。そのあとエンパイア・ステート・ビルの頂上百二階へ昇って見物することになり、三井のサリバン氏の案内でエレベーターに乗った。まず八十六階までノンストップで昇り、エレベーターを乗りかえ、百二階に昇って四方の市街を眼下に眺め、サリバン氏とともに記念撮影した。この日は非常に寒くて耳も落ちそうだし、手袋を通して寒気が身にしみた。

（ワシントン）

午後一時三十分、ニューヨークのペンシルバニア駅発の列車で友人三名とともにワシントンへ向かう。途中、フィラデルフィア駅の近くにＳ・Ｋ・Ｆの工場、ゼネラル・エレクトリック会社の工場が見えた。バルチモアから一駅ニューヨーク寄りにウイルミントンという駅があったが、ここは海岸街で船渠工場が見えた。この街にはデュコ・ラッカーの工場がある由。午後六時十五分ワシントン駅着。駅前のホテル・コンチネンタルに投宿した。ホテルで夕食をすませ、賑やかな街という九番街でバーレスキュー（道化芝居）を見る。

十二月三十日（土）

午前十時にホテルを出て、日本大使館を訪問、アメリカにおけるN・R・A運動の話を聞いた。アメリカの失業者は一、二〇〇万人で、そのうち二〇〇万人は通常の失業者、一、〇〇〇万人が不況による失業者であるが、N・R・Aを本年六月から実施した結果、四〇〇万人が仕事にありつけたとアメリカ政府の統計局が発表しているという。

タクシーでサイト・シーイングをした。ホワイトハウス、パンアメリカン・ビル、国会議事堂、コングレッショナル・ライブラリー、それから無名戦士の墓、リンコルン記念堂、ビューロー・オブ・エングレービング・エンド・プリンティング、ワシントン記念塔などを見る。

国会議事堂では専任案内者から説明を聞き、本会議場や大統領の室などを見た。この室の天井に母親と二人の子供の絵が描かれてあるが、その三人の目が、床のどの位置に立って眺めても、その方向へ目が向かってくる。天井灯は現在は電気であるが、元はガス灯を使っていたため今もガスのコックが残されている。私は大統領がかける椅子にかけてみた。向い合った壁にはどちらにも大きな鏡がある。カピトルの大ホールには偉人の像がある。床のある二点に立ち、双方から小さい声で話し合うと、ちょうどラジオを聞く声のようで非常によく聞こえる。これは反響であると説明していた。

ホワイト・ハウスでは門内にタクシーを乗り入れて庭園で写真をとり、私はタクシーの運転手に私

ホワイト・ハウスにおける著者

の写真をとらせようとした。ところが監視員がきて、ホワイト・ハウスをバックにして人物の写真をとってはいけないと注意したが、そのときはすでに写真機のシャッターは押されていた。リンコルン・メモリアルの前の池では盛んにスケートをやっていた。

ワシントン・モニュメントは高さ八百数十フィーと、階段の数は九百あるという。頂上へエレベーターで昇って四方を見おろすと、ワシントン市街は脚下低く一目に見える。降りるときはエレベーターによらず階段を歩いた。所々におどりばがある。約一〇フィートおきにあったようだ。二二〇フィートの高さのところの壁に、日本から寄贈した石材があり「嘉永甲寅五月伊豆の国下田より出寿」と刻んであった。そのすぐ隣には支那から贈った石があった。この記念塔の石材はアメリカ各州から寄贈して造ったものである。中にはボールドウインの機関車を刻んだ石もあった。

(フィラデルフィア)

午後六時ワシントン駅発の列車でフィラデルフィアへ向う。列車内でこの鉄道のブレーキ・マンが私のところへ来て、鉄道の話、車両の話をしているうちに、午後八時四十七分フィラデルフィアのブロード・ストリート駅に着いた。駅からタクシーでホテル・ローレインに行き、ニューヨークのコクマイ・ホームからの紹介だといったら、きれいな七〇一号室に案内してくれた。

十二月三十一日（日）

午前十時から遊覧バスが出るというので、ホテルの事務員に頼んで電話をかけてもらったら、今日は日曜日なので午前のバスはなく、午後一時に出発するという。それまで待つのは馬鹿らしいので、電車に乗ってインデペンデンス・ホールへ行った。ここには有名な「リバティ・ベル」がある。一七七六年七月四日独立宣言が当館でなされるやアメリカで最初に鳴らされたベルで、その後、国家的重要事件が起こった場合にはこの鐘が鳴らされていたが、一八三五年裁判所長マーシャル氏の葬儀中に割れたため、一八四三年以後は使用せぬことになった由。また一七七五年ないし一七八一年の革命中は、諸会議はこのインデペンデンス・ホールで開かれたという。カーペンタース・ホールは一七七四年最初の国民議会の会場だった建築物であるが、今日は日曜日のため閉館していた。

市庁舎、独立広場、ベンジャミン・フランクリンの墓、ベットシイ・ロス・ハウス、クライスト教会、ウイリアム・ペンス・ハウス、カストム・ハウス、デラウェア・リバー橋、フェアーマウント公園、造幣局、フィラデルフィア美術博物館、ルル・テンプルなどを見物する。

午後四時四十四分発の列車に乗るため三十三丁目街駅へ行った。この駅はごく最近建設された大駅舎である。ニューヨークのペンシルバニア駅に到着したのは午後六時三十分。直ちにコクマイ・ホームへ帰った。

（ニューヨーク）

午後十時ごろから友人三名とともに、ニューヨークの除夜を見物しようとタイム・スクェアへ出る。

大そうな人出で賑わっていたが、悪いことには雪どけで道路はどろどろ、人に押されて歩く。道行く人々はブリキ製のラッパをブーブー吹き鳴らす。またラザーというものを吹いているものもある。これは日本製と書いてあり、路傍で五セントで売っている。全く無邪気なものである。ベルを鳴らすものもいる。老いたるも若きも、また男女の別もなくやっている。正十二時になるとサイレンが盛んに鳴った。日本における除夜の鐘に相当するものである。どこかのビルのイルミネーションはもう一九三四年に変った。コクマイ・ホームへ戻ったのは午前二時ごろ。

一九三四年（**昭和九年**）**一月一日**（**月**）

午前八時に目覚めて、私は四十歳の正月を迎えた。午後二時コクマイ・ホームを出て、満鉄ニューヨーク事務所の長倉氏の家を訪ね、正月料理の雑煮、数の子、ごぼう、ごまめのご馳走になる。これで正月の儀式もできた。集まった者、満鉄社員十名。

一月二日（**火**）

友人とともに八十六丁目街のナチュラル・ヒストリアル博物館へ見学に行く。なかなか立派な珍しいものがたくさん陳列されている。ことに目をひいたのはアメリカ第一の隕石、一、八〇〇年を経た大樹の挽材、シンクレヤーの骨などであった。

一月三日（**水**）

午前十一時から友人二人とともにホームを出て、途中、商店に寄り、土産品を買い求め、それから満鉄ニューヨーク事務所へ行く。私の留守家族からの手紙が事務所あてに届いていた。その手紙に同封されていた、東京日日新聞の切り抜きによると、東京＝大阪間を四時間で走る（時速六〇キロ）超特

アメリカの新聞に載ったソ連の新型超特急列車のテスト写真。車輪のかわりにボールベアリングを使い，コンクリートの溝に車体を埋めるようにして走るアイデイアが特に関心をよんだようだ。設計速度は時速 185 マイル（約 310 キロ）であるが，テストでは 90 マイル（約 150 キロ）を記録した，とある。設計者はヤーモルチュク氏。

急列車を鉄道省で研究を始めた、と記載してある。鉄道省では多数の技師がいて、充分な研究期間とスタッフを与えられ、その上で実行に移るのであるが、満鉄では昨年八月に予算が確定したばかりで、充分な研究期間も与えられず、直ちに設計にとりかかり、本年十月には運転を開始しようというのである。私たち担当者の骨の折れるのは当然である。しかし新聞もいい加減なもので、模型の写真を掲げてあるが、それはアメリカのユニオン・パシフィック鉄道の流線形軽金属列車の試運転車両である。人を笑わせる。

午後二時、三井物産支店を訪ねたがI・R・Tトラックの視察は来週に延期してもらいたいといわれたので、明日はラジオ・シティの空気調整装置を視察することにし、明後日はマチニック氏の案内でニューヨーク・セントラル鉄道の「二十世紀」列車を視察することを約束して辞去した。

一月四日（木）

午前十時三十分、三井物産支店を訪問、キャリア・エンジニアリング会社のラシャール氏とヒレン氏に会い、両氏の案内でラジオ・シティの空気調整装置の調査に行き、十二時三十分過ぎまで調査した。大統領が放送する室を調べたところ、室の周囲を垂れ幕で囲み、発音が壁に当たって反響するのを防いでいた。この建物の絶縁物としてはロック・ウールを使用して、外部からの雑音が室へ侵入するのを防止している。午後は三菱商事支店を訪ね、続氏に面会して空気調整装置に関し話し合った。夜は大連の満鉄本社へ第十一信の報告書をしたためて発送する。

一月五日（金）

午前九時コクマイ・ホームを出て、ツリニティ・プレース七四番地にあるミュシニック氏の事務所を訪問、ニューヨーク・セントラル鉄道の技師レンツ氏への紹介状を書いてもらった。満鉄ニューヨーク事務所へ寄り、午後レンツ氏を訪ねて車両に関する質問をなし、なお「二十世紀」列車に試乗方について依頼した。

一月六日（土）

午前、満鉄ニューヨーク事務所へ出社して、ペンシルバニア鉄道への回答書とサザン・パシフィック鉄道への質問書をしたためて発送する。また三井物産支店の多田氏へ電話して、アルミニウム会社にアルミニウムに関する型録とウェルディング・エンド・リベッティングに関する説明書を要求するように依頼した。ニューヨーク・セントラル鉄道の副社長あてに「二十世紀」列車に私が試乗して調査することに便宜供与方の依頼状を発送する。

一月七日（日）

朝から降雨のため外出は思わしくなく、パーラーでコクマイ・ホーム宿泊の人々と雑談に過ごし、午後は友人とともに五番街のマウン劇場で映画を見た。夜は自室で空気調整装置の研究。

一月八日（月）

満鉄ニューヨーク事務所へ出社して、大連の満鉄本社へ次の電報を発信した。「空気調整装置どこへ注文決めたか知らせ乞う。本月二十一日ここ発ロシア経由帰りたし。市原」その後、レキシントン街のニューヨーク・セントラル鉄道を訪ね、庶務室のパルマー氏に会い「二十世紀」列車試乗のパスをもらい、グランド・セントラル・ターミナルのフェルター氏に紹介してもらった。フェルター氏が客車構内の見学の準備をしてくれることになった。

午後四時十五分グランド・セントラル・ターミナル発の「二十世紀」列車に試乗した。ハルモン駅までは電気機関車で牽引する。機関車は六五〇ボルト、二〇〇〇アンペア、二五〇馬力電動機八基である。列車は郵便車一両、クラブ車一両、寝台車（オープン）四両、食堂車二両、寝台車（コンパートメント）二両、展望車一両を連結してある。客車の暖房は機関車のオイル燃焼ボイラーから供給している。私の「二十世紀」列車の試乗はハルモン駅までとし、帰途はコーチ・カーに乗って、ニューヨークの百二十五丁目駅に着いたのは午後六時五分だった。

一月九日（火）

グランド・セントラル・ターミナルへ行って、フェルター氏を訪ね、同氏から同室のベック氏を紹介され、ベック氏の案内でモット街にある客車構内に行った。そこでブロッドヘッド氏に紹介され、同氏の案内で「二十世紀」列車に使用する客車の詳細を視察した。午後一時を過ぎたので、ベック氏とブロッドヘッド氏を誘ってグランド・セントラル・ターミナルに戻り、駅の食堂で食事を共にした。この視察を終えて、満鉄ニューヨーク事務所へ寄ったところ、大連の満鉄本社から私あてに次の電報が届いていた。「見積不備のため再徴集、ウエスティングハウス、キャリア、高砂暖房（氷水式）が見積出した。貴地における各式の優劣を知らせ」

午後七時三十分から高速軽重量列車に関する講演があるので、三十九丁目街のエンジニア・ビルへ行き、A・I・E・E主催のプルマン・カー・マヌファクチュアリング会社のウインザー氏の講演を聞く。講演が終わって、ウインザー氏に私の名刺を出して面会し、私から彼に対する質問事項を書面にして届けることを約した。

一月十日（水）

午前、満鉄ニューヨーク事務所へ出社して、昨日満鉄本社から受け取った電報に対する返電を次の通り発信した。

「氷水式は設備費安く、多く使われておるが、氷の中に塵埃あるため鉄管つまり、苦き経験あり、キャリア、ウエスティングいずれも優劣なく使用されおるが、キャリア使用数ならびに経験多し。市原」

バルチモア・エンド・オハイオ鉄道の技師長あての回答書をしたためて発送。また昨夜講演したウインザー氏への質問書を書いて発送する。午後、三十九丁目街のエンジニア・ビルへ行って図書館に入り、アルミニウムの熔接に関する文献を探したところ、一九三一年十二月号の雑誌に記載されていた。

一月十一日（木）

午前、満鉄ニューヨーク事務所へ出社して、ニューヨーク・セントラル鉄道およびチェサピーク・オハイオ鉄道へ、私から先に出した質問状に対する督促の書面をしたためて発送する。それからグランド・セントラル・ビルにあるアルミニウム・ユニオン会社の副社長アルスタイン氏を訪問、アルミニウムに関する質問をした。午後ペンシルバニア鉄道の副社長バウチリアー氏を訪問したが不在だったので、事務員に会って目的を話したところ、今月末までのパスをくれ、なお適当な者を紹介するという。夜は大連の満鉄本社へ第十二信の報告書をしたためて発送する。

一月十二日（金）

午前、ペンシルバニア鉄道を訪ねてマッソン氏の紹介でチェリー氏に面会、「ブロードウェイ・リミテッド」列車に関する質問をした。午後はマッソン氏の紹介で、ブラック氏にシグナルにつき、フィリッペリ氏にトラックに関する質問をして研究したが、終わったのは午後五時だった。ペンシルバニア駅からタイム・スクェアに出て、地下鉄でコクマイ・ホームへ帰り、夜は書類の整理に時を過ごす。

一月十三日（土）

朝から小雨。土曜日のため会社の執務は正午までだから、自室で「ブロードウエイ・リミテッド」に関する書類の整理をする。

一月十四日（日）

今日は少し寒いが天気はよいので、午前十一時ごろコクマイ・ホームを出て、バスで五番街を通りペンシルバニア駅まで行った。そこで昼食をとり、ワシントン・スクェアへ行こうとブロードウエイを歩いていると、二十八丁目街付近の劇場に「ジャパニーズ・ゲイシャ・ガール」と書いた映画があるのが目に入った。日本版なので見る気になり、劇場へ入ると、それは日本の少女が成長して芸妓になり、結婚するまでの映画であった。コクマイ・ホームに帰って、書類の整理をなし、就寝したのは午前一時だった。

一月十五日（月）

午前、三井物産支店に多田氏を訪問、客貨車に関する資料の蒐集を依頼した。それから満鉄ニューヨーク事務所へ出社、マチニック氏およびレンツ氏への礼状をしたためて発送する。事務所員二人が私への送別の意味で、グランド・セントラル・ターミナルのオイスター・バーでオイスターのご馳走をしてくれた。

午後五時、ペンシルバニア駅発の「ブロードウェイ・リミテッド」に乗って列車について調査する。ノース・フィラデルフィア駅に着いたのは六時三十分。同駅から地下鉄でシティ・ホールへ行き、また地下鉄を乗りかえ、三十丁目街駅の食堂で夕食をとった。コクマイ・ホームへ帰ったのは午後十一時三十分。

一月十六日（火）

午後一時にS・K・Fを訪問するため、同社のあるビルのエレベーターに乗ったところ、オペレーターが十七階のどこの会社へ行くかと問う。行き先を告げるとS・K・Fは移転した、留守居の者が十八階にいると教えてくれた。十八階へ行ってみると電話係の婦人二名がいて、フィラデルフィアへ引越したとのこと。私は満鉄ニューヨーク事務所へ行きフィラデルフィアのS・K・Fへ書面をしたためて発送する。

一月十七日（水）

午前十時にジョンス・マンビル会社を訪問、スコット氏に面会し、客車の絶縁材料について質問したところ、サラマンダーが最も良好、次はロック・ウールであるという。ただしロック・ウールは振動に対しては好ましくない由。サラマンダーK＝〇・二五　ロックウールK＝〇・二六　サーモ・フェルトK＝〇・二八

満鉄ニューヨーク事務所へ寄ってニューヨーク・セントラル鉄道のナース氏への礼状を書いて出す。午後、日本郵船会社支店へ行き、ニューヨークからイギリスのサザンプトンまでの船賃を払って予約した。夜は大連の満鉄本社へ第十三信の報告書をしたためる。

一月十八日（木）

午前十時三十分、三井物産支店の事務室でキャリア・ブランスウイック・インターナショナルのラシャール氏と東洋キャリアのヒレン氏に会い、空気調整装置に関して会談、午前十一時四十分、I・R・T地下鉄の改造車両（ベンチレーション・エンド・サウンド・デッディング）に三井物産支店のサリバン氏の案内で試乗した。音響はたしかに消されていたが、ベンチレーション・ファンがききすぎて、暖房がきかない感じだった。

午後、満鉄ニューヨーク事務所へ寄ったところ、午前にS・K・Fのデモット氏が私を訪ねて来られた由。直ぐにデモット氏へ挨拶状をしたためて発送する。それから日本郵船会社支店へ行き、ドイツのノース・ジャーマン・ロイドの汽船ブレーメンのニューヨークからイギリスのサザンプトンまでの乗船切符を受け取った。次に渡航許可証をとりに行き、三菱商事支店を訪問、風間支店長、続氏、五島氏等にニューヨーク滞在中の配慮を感謝し、ヨーロッパへ渡航する挨拶をした。

一月十九日（金）

午前十時にブロードウェイ百五十丁目街のウエスティングハウス・エアー・ブレーキ会社を訪問、U・C・エアーブレーキについて説明を聞いた。午後は満鉄ニューヨーク事務所へ寄ってジョンス・マンビルおよびキャリア会社への回答書をしたためて発送。それから三井物産支店を訪ね、石田支店長、多田氏、サリバン氏にニューヨーク滞在中の好意に対する挨拶をする。午後六時三十分から日本人倶楽部で、長倉事務所長が私の送別会を催してくれた。すき焼きと日本酒で、どちらも日本人にとってはたまらないものである。コクマイ・ホームの私のベッドも今夜限りだと思うと、なかなか寝つかれなかった。

一月二十日（土）

昨日のS・K・Fデモット氏から、今日午前十時から十時三十分まで満鉄ニューヨーク事務所で面会したいという電報がきていたので、ニューヨーク事務所へ出社する。デモット氏は十時過ぎに訪ねてきて十一時三十分まで話して行った。午後、B・M・Tの新型電車に乗って調査した。車台は車両と車両との中間にあり共用になっている。連結部は一つのセンタープレートの上に円筒形の通路が作られている。

今日はアメリカ滞在最後の日である。昨夜は、昨年十月十一日にサンフランシスコ港に上陸以来のことを次から次へと思い浮べ、私がアメリカに来てからやった仕事のことなど考えて、よく眠れなかった。今日はニューヨーク出発というのに、その間際まで調査をしなければならなかった。

私はアメリカへ出張した使命を果し得たか否やは現在ではわからない。これは私が満鉄へ帰任して後に顧みるべきだと思う。アメリカ滞在わずか百二日で何がすべてを解決し得ようか。素通りしたアメリカを、帰国の上、さらに研究すべきものと思う。しかし総評において、アメリカ恐れるに足らぬが、われわれ日本技術者大いに学ぶべきだと痛感した。遅れたる文明は必ず取り戻すことができる。遅れたる者は先の者を追い抜くだけの努力を要する。この努力は結果においては愉快となるであろう。私はアメリカ技術者に負けない努力を今後必ずするという決意を持って、この地を去らんとするのである。

コクマイ・ホームでは、今晩ヨーロッパへ向かって出発する六名の行を祝って赤飯をたいてくれた。私はトランク二個とスーツケース二個をタクシーに積み、四十四丁目街から四十六丁目街のノース・ジャーマン・ロイドの汽船ブレーメンに向かった。コクマイ・ホームからは女主人と伊藤氏が汽船まで送ってくれて、荷物の世話まですっかりしてくれた。汽船ブレーメンの私の室は五八四号室。満鉄ニューヨーク事務所からは所長の長倉氏夫妻と宮川氏が埠頭で見送ってくれた。またミス・タッカーからは送別の電報が船室に届けられていた。私がニューヨーク滞在中、満鉄ニューヨーク事務所の人々、ことにアメリカ生まれの宮川氏、ミス・タッカー、ミスター・ジェームス、いずれも私の仕事をよく手伝ってくれた。ミス・タッカーは私の秘書になって、私のアメリカ人との通信をタイプして助けてくれた。宮川氏は私の研究事項をよく承知して、いろいろの報告を与えてくれた。ミスター・ジェームスは、新聞に私の研究事項に関係ある記事があると、それを切り抜いて私に提供してくれた。すべての人々が私に協力援助してくれたことに対し、ニューヨークを出発するに当たって感謝のほかはない。

私にはニューヨークがなつかしく思われた。今少し滞在が長ければいっそう研究調査が思うようにできると思った。土地に慣れ、人に慣れ、会社を訪問するにも不自由なくなったときに去るということは、まことに残念である。日本技術者の宣伝をアメリカにすることを宮川氏に誓って別れた。

(5) ドイツ汽船でヨーロッパへ

一月二十一日（日）

船出を見送る光景は洋の東西を問わず同じで、人情に変わりはない。母親とその娘らしいのが、父親らしい男に見送られていたが、その娘は別れを惜しんでさめざめと泣いていた。送別の酒盛りをしたらしい男女のはしゃぐ姿も見えた。甲板は、送る人、送られる人で賑わっている。

汽船ブレーメンは午前零時三十分にニューヨーク港を出帆する予定が、少しおくれて午前一時になった。私の室は広く、アウトサイド・ルームで、しごく結構だった、朝ラッパの音に目覚めたのは午前八時過ぎである。午後二時から四時まで男子船客に対して運動場が開放されたので、私は五〇〇メートルだけ自転車に乗った。夕食後は娯楽室でホース・レースがあり、その後、引き続いてダンスが催された。

一月二十二日（月）

汽船ブレーメンに乗って二日目である。この汽船はドイツのノース・ジャーマン・ロイドに所属し、総登録トン数は五一、六五六トン、同汽船会社の所有船のうち最大で、大西洋横断における巨大船で、スチーム・タービン船である。

サービスとしては音楽、映画、ダンス、ホース・レースなどが次々と催される。私は昼寝して五時に入浴した。夕食後は例によってホース・レースがあり、それに引き続いてスモーキング・ルームでビアー・パーティが催された。集まる船客にはそれぞれ紙製の帽子が配られる。私もそれをかぶってビールを飲む。ドイツのビールの味は得も言われぬ。音楽が始まった。今夜の音楽手はいずれも白シャツ、半ズボンの軽装である。やがて男女のダンスが始まった。私は十時三十分ごろまでいたが、ダンスに加わるでもなく、手持ち無沙汰なので室に戻った。十一時三十分にまたスモーキング・ルームをのぞいてみたがダンスはなかなか終わりそうもない。
今日、船中でサザンプトンからロンドンまでの汽車の切符を求めた。

一月二十三日（火）

今日は朝からよく揺れる。朝食後、昼寝ならぬ朝寝をした。目覚めたのは午前十一時。昼食に食堂へ行ったところ、テーブルには枠を入れて食器が落ちないように用意してあった。それほど船はひどく揺れているのである。食堂へ来る船客の数が幾らか減っていた。食卓の上の皿、ナイフ、コップなどがごろごろと転がる。スープなどはよほど要領よくやらぬと、こぼれてしまう。揺れは午後になってますますひどくなった。
甲板へ出てみると、恐ろしい荒波である。波の山である。一人の婦人が甲板を散歩していたが、揺れがひどいため倒れ、二回転して顔を打った。そのとき、かけていた眼鏡が壊れて、レンズの片方が飛び出した。私は近くにいたので起こしてやろうとしたが、彼女は寝たまま起きあがらぬ。そのうち二人の白人が来て起こした。娯楽室では三時のお茶とお菓子が準備されていたが、船の動揺のためテーブルから振り落とされてしまった。私は生まれて初めての一大荒波に会ったが、太平洋横断で船酔いしなかったという自信があるのと、緊張した元気とで、船の動揺を不快には感ぜず、荒波を眺めに甲板へ出かけるくらいであった。今夜はホース・レースはなく、午後九時から娯楽室で音楽があった。

一月二十四日（水）

今朝は大そう朝寝坊をして、給仕にドアをノックされて目覚めた。午前十時だったので、朝食は室へ運んでもらった。午前中は天気がよかったが、午後からは曇り、雨、霰が降ってきた。

夜は娯楽室で例によってホース・レースがあった。これは馬が第一から第六まで六頭いて、一人の船客がサイコロを振り、サイコロの出た数字の馬が進むことになっている。ときには障害物があって、そこへ馬が来たときは、サイコロの目がダブッて出なければ進むことは許されぬ規則になっている。ホース・レースは普通五回で終わることにしているが、最後のレースでは、最後にゴールインした馬が一着になることになっている。

一月二十五日（木）

今朝も朝寝して室付きの給仕に起こされ、九時三十分に食堂へ行った。甲板でアルサスローレーン人、アメリカ人、スイッツァーランド人と私、四ヵ国民で、砂袋投げ遊戯をして楽しんだ。午後、甲板で日本人船客六名揃って記念撮影。夜はフェアーウェル・ディナーがあり、引き続いてホース・レースやダンスが催された。音楽に合わせてダンスを楽しそうに踊っているのを見ていると、映画に出てくる巨船の中でのダンス・パーティの情景が思い出される。

一月二十六日（金）

船はヨーロッパに近づいて、暖流の関係からかよほど暖かくなった。波も静かになって大きい揺れはない。午前九時過ぎ船はフランスの港シェルブールの港外着。ここで上陸する船客はランチで陸へ運ばれて行ったと見ていると、本船ブレーメンは早速イギリスへ向かって出帆した。午後二時ごろイギリスのサザンプトン港外に碇泊、イギリスに上陸する私たち船客は、ランチで午後三時少し前に税関のある埠頭の岸壁に上陸した。税関検査を終えて、すぐその前にいる特別列車に乗る。列車は午後四時三十分ロンドンのウォーターロー駅に到着した。サザンプトンからロンドンの東洋館へ、私たち日本人一行六名が宿泊するよう電報で申し込んでおいたが、室がないため、トキワ・ホテルから従業員二人が駅で出迎えてくれて、早速タクシーでトキワ・ホテルへ向かった。ホテルで私は八号室へ入る。夕食後、一行六名揃ってロンドンで有名なピカデリ街へ見物に行く。繁華な辻、紅灯緑酒の巷であるが、ニューヨークのタイム・スクェアを見た目では一向驚きも感心も起こらなかった。

(6) ヨーロッパ諸国における調査

(ロンドン)

一月二十七日(土)

トキワ・ホテルのあるデンマーク街を出て、チャーリング・クロス・ロードからバスに乗る。このバスは二階建である。トラファルガル・スクェアを通った。ここはトラファルガル海戦に大勝した記念に建設された辻で、高さ一四五フィートのネルソン像があり、その像の下部にはライオン像がある。ウエストミンスター橋の近くで下車。国会議事堂を見物する。テムズ河岸にあるクラシックなゴシック式の建築物で、高く聳ゆるのはビクトリア塔といって高さ三四〇フィート。堂内は上院と下院に分かれており、上院は下院に比べて立派で、上院の玉座の椅子には宝石が沢山ちりばめてある。次にすぐ近くにあるウエストミンスター礼拝堂を見物した。六一〇年ごろの建物で、歴代の王の即位式が行われる。また皇室および重臣の墳墓のある寺院である。

昼食後、サザン鉄道のウォーターロー駅から乗り、チッケンハム駅で下車、ラグビー競技を見物した。ハーレクインズとケンブリッジとの試合であった。一回三十五分で位置を変え、二回すなわち七十分間で競技で終わったが、二七対二四でケンブリッジの勝利となった。列車でウォーターローへ戻り、地下鉄でリーセスター・スクェアまで帰った。ロンドンの地下鉄はニューヨークのそれに比べてる。昇降口のドアは柱を中心にして左右に開閉するようになっている。

通路が狭い。また車両も天井が低く、装飾がゴテゴテしている。たとえば腰掛にしても模様入りであ

一月三十日（火）

朝、横浜正金銀行支店へ行って、私の預金通帳の日本円からイギリスの貨幣ポンドとして若干を引き出す。同銀行の黒田氏がベルリンおよびボンベイ支店への紹介状をくれた。銀行を出てユーストン駅へ行き午後一時三十分発の列車「ローヤル・スコット」を視察。この列車はロンドン・ミッドランド・エンド・スコティッシュ鉄道会社に所属するもので、その編成は次の通りである。

機関車―手荷物車―三等車（コンパート）―三等車（二人掛）―三等、食堂車―一等、食堂車―一等、手荷物車―三等、手荷物車―三等、食堂車―一等、食堂、一等車―三等、手荷物車―一等、三等車―手荷物車―一等、手荷物車―一等、三等車―機関車

このような編成で、最後部の機関車は急勾配のところを後から押すので連結はしていない。この列車の速度は一時間に平均六〇マイルであると駅長の説明であったが、これは疑問である。最大の機関車は四―六―二の四気筒急行列車用機関車で、働輪六フィート六インチ、気筒一六インチ四分の一×二八インチ、牽引力四〇、三〇〇〇ポンド。

夜は三菱商事支店長の服部氏宅に招待されて晩餐のご馳走になり、午後十二時まで話をした。

一月三十一日（水）

午前十時三十分にトキワ・ホテルを出て、まずロンドン・タワーを見物する。ここは、もと城であったが、後に牢獄となり、現在は兵営となっている。牢獄の跡がそのままに残り、死刑に使用したという器具が保存され、また昔の兵器などを陳列してある。次にタワー・ブリッジを見たが、ずいぶ

ん古いものである。それからバッキンガム宮殿、ここは皇帝がおられるときは毎朝十時三十分に衛兵交代式がある。

ハイド・パークと、その東北入口にあるマーブル・アーチ（大理石の大きな門）を見物したあと、タッソード夫人の蠟人形を陳列してあるマダム・タッソード館を見物。

夜は三井物産支店長の田島氏に招待され晩餐のご馳走になった。

二月一日（木）

ロンドンを出発するため早く起きる。午前十時二十分にトキワ・ホテルからタクシーでビクトリア駅へ向かったが、途中、陸軍の軍楽隊に出会った。先頭に進む将校が指揮棒を振っている。楽手はいずれも機械仕かけの人形が動作しているような歩調で進む。指揮刀を抜いている将校もいた。この行列の中に、服も帽子もグリーンの服装をした兵士がいる。半ズボンで、膝から下はあらわになっている。スコットランド兵だ。この行列はバッキンガム宮殿への交代兵の由。

ビクトリア駅に着いて、荷物二個を託送。ここで二等客車の構造を調査する。座席は上等で、安楽椅子にかけているような感じだった。一両を三つに仕切って、二人掛けおよび一人掛けの座席にして、中央が通路になり、カーペットを敷いてある。屋根は丸屋根であった。この鉄道はサザン鉄道である。電灯器具は貧弱、窓ガラスは一重で皮ベルトのついた上下揚げ降ろし式、日本で昔使用したものと同型である。昇降口も日本に昔あった横から乗降する形式のものである。

ビクトリア駅を午前十一時に発車し、十二時三十五分にドーバー駅に到着。ドーバー港を十二時五十五分に出帆する汽船に乗る。この汽船は小さくて、港を出ると、すぐ揺れだした。船が小さいためだけではない。暴風雨のためである。大いに揺れた。私の周囲にいる船客は船酔いでゲーゲー始めたが、私は太平洋、大西洋を征服した経験があるので平気だった。しかし甲板へ出て見ると、積んである荷物がゴロゴロ転がっている。相当な揺れであることがわかる。ドーバー海峡は大揺れに揺れて、午後二時十分フランスのカレー港に着いた。上陸の際パスポートの検査があり、駅の待合室で税関の検査をすませて、パリ行きの列車に乗った。

私の乗った客車はコンパートメントで、片側に通路がある。窓は大きくて室一ぱいの一重ガラスである。対向三人掛けで、一室六名。座席のシート・バックにはレース製の大きい、アンチマカッサーを使い、それにNORDという文字を表わしている。シート・バックの上には荷物棚とステッキ棚があり、ロッドおよびブラケットはいずれもアルミニウム製で、鋼製の網を張ってある。カーテンは両開式。電灯は天井灯一個。室内床の靴のあたる部分すなわち乗客が対向する中央には、チェッカード・プレートを使用し、その両側にカーペットを敷いてある。通路の窓は室の窓と同形で、自動車の窓のような感じがする。室のシート・バックと荷物棚との間には小さい鏡を取りつけてあるが、鏡の枠はアルミ製である。

(パ　リ)

列車は午後六時十分、パリのノール駅に到着。ロンドンから電報で通知しておいたので、満鉄の留学生長谷川氏が出迎えてくれた。託送荷物の通関をすませて、タクシーを探したが、今日はタクシーがストで非常に少ないという。それでもやっと見つけて、長谷川氏が泊まっている大日本学生会館に行った。この会館は閑静な地域にあり、私の室は二号室であった。

二月二日（金）

私が所持するイギリス貨幣をフランス貨幣に両替するため、バスで横浜正金銀行支店へ行ったが、このバスは一、二等の区別がある。その後、賑やかなブールヴァール街、華麗壮大で世界一の劇場といわれるオペラ、フランス銀行、取引所などを見て、地下鉄でパリ駐在の満鉄社員坂本氏宅を訪問する。地下鉄の車両も一、二等の区別があり、一等の座席は織物を使用しているが、二等は木板である。車両の外部には美しいマークや文字が書かれている。変だと思ったのは、車両の床がプラットホームより低いので、初めて乗る人には注意を要することである。

大日本学生会館に戻り、夕食後、長谷川氏の案内でオウビレッテという酒場へ行った。この酒場は昔の監獄の跡で、入口からしてすでに不気味である。階段を下りて室へ入った途端、足もとがパタンと反響して私は倒れそうになった。こんなことをしてお客を驚かす仕掛けをしてある。一四〇〇年代から一六〇〇年代まで監獄として使用した由で、室内には穴蔵の臭いが漂っている。婦人ピアニスト一名、歌手としてはフランス女四名と男三名がいて、フランスの昔の歌を聞かせる。

ここはセーヌ河畔にあるので、死刑囚を処刑して穴蔵内に流れている水中へ投げ捨てる。その流れはセーヌ河に通じていて、遺体は河へ流し出されるようになっていたという。地下道へ入ってみたが甚だ不気味だった。獄室には白骨が保存されている。また死刑囚の首をしめて処刑したところを見たが、その下はセーヌ河に通じている。この酒場の地上には昔使用したというギロチン台や、首切り斧などが陳列してある。十字軍戦争のとき使用したという鋼板製の貞操帯もあった。帰途スフィンクス・カフェーに寄ってダンスを見たが思いきったダンサーの風姿に一驚。ビールを飲んですぐ出た。

二月三日（土）

大日本学生会館を出て市内見物をした。

セーヌ河岸に並んで店を出している露店の本屋を見て、コンコード公園へ行く。この公園の噴水池の前に国会の上院がある。続いてコンコード広場、凱旋門を見物した。凱旋門は一八〇六年ナポレオン皇帝がオーストリーと戦って大勝利した記念に建立したものである。門の中央地下には戦死者の遺骨を納めた墓があり、番人がいて、いつもガスの裸火が燃えている。コンコード広場と凱旋門との両側には並木と広い庭があり、春や夏の夜はここに椅子を出して憩うフランス人男女の数がおびただしいとのこと。凱旋門の近くに雅美な商店街がある。有名なシャンゼリゼ通りである。

日本人会へ行って昼食をとり、午後はエッフェル塔を見物した。この地域をシャン・ド・マース公園といっている。エッフェル塔の高さは三〇〇メートル。この近くにあるアベニュー・トーキョーという通りは、わが聖上陛下が皇太子であられたとき、フランスへ御遊渡なされた記念にフランス政府が名づけた由で、セーヌ河に沿っている静かな通りである。セーヌ河では魚釣りをしている。今日はフランス人も寒いといっているし、水は凍っているのに、魚釣りは面白いものらしい。

パリのアベニュー・トーキョーにおける著者

パリ大学の近くにある支那料理店で夕食、そこから珍しく小さい、それでも一、二、三等の区別のある汽車に乗って大日本学生会館へ帰った。

二月四日（日）

午前中は会館にいて新聞などを読む。在館者一同写真を撮影するというので、私もそれに加わった。午後は外出して、まずルーブル博物館を参観する。近くには衆議院があった。博物館を出て、フランスを救ったオルレアンの少女ジャンヌ・ダルクの騎馬像を見る。それからグレート・ブルバード街へ出て、パリ名所の一つカフェー・デッパリでお茶を飲んでいると、バイオリンを弾きながら店へ入ってきた流しの男に金をねだられた。夜のシャンゼリゼと凱旋門を見物して、日本人会で夕食。

二月五日（月）

午前十一時、長谷川氏とともに学生会館を出て、近くの郵便局へ寄り、ベルリンの星名氏あてに明日午後六時三分ベルリン着予定の電報を出した。長谷川氏がフランス新聞社から頼まれて女優岡田静江嬢が泊まっているホテルに訪問するから、一緒に行こうと誘われて、ともにホテルを訪ねた。彼女はフランスの招聘によりパリへ来て日本舞踊を演ずるため、すでに三回目の試験にパスした由で、パリではマリス・イトジと名乗っている。しごく真面目そうな婦人にみえた。本年秋には日本へ帰国するとのこと。私はアメリカ映画界の現況とハリウッドにおける撮影所の模様について彼女に話し、日本へ帰国の際はぜひアメリカ経由にして、ハリウッド映画撮影所を見学するように勧めた。彼女は私にアメリカ女優の化粧色について質問したので、私はハリウッド撮影所で実地に見た通りを説明した。

ホテルを出て、長谷川氏と支那料理店で昼食をとる。料理店の給仕は支那婦人であったが、私が話す支那語をよく了解した。昼食後、満鉄パリ駐在員坂本氏宅を訪問、私に対するフランス、ベルギー、ドイツ、イタリアの諸鉄道のパスを受け取る。夕食は長谷川氏とともにフランス料理。それから土産品を求めるためタクシーを探したが、本月一日からストをしているので、つかまえるのに一苦労した。やっと見つけて買物をすませ、学生会館へ戻り、タクシーを待たせておき、会館での支払いをして、荷物をまとめてノール駅へ行った。午後十時五分発列車の出るまでに四十分以上時間があったが、タクシーが見つからなかったときのことを考えると、早過ぎたことは結構であった。

私はフランスの首都パリには二月一日から五日までのわずか五日間の滞在であって、フランスを論ずることは至難であり、また資格もないが、五日間は五日間だけの観察がある。容貌からみればフランス人の顔はアメリカ人と異なって、東洋的な顔が時には目についた。フランス人にはおしゃべりが多い。四、五人集まって話しているのを聞くと、みんなが同時に話しているようで、他人の話に耳をかすのか、かさぬのか、口の休むひまがないようだ。フランス人は鯉が水中で呼吸するように、口をいつも動かしていないと心臓がとまるのじゃないかと思った。人種的にはユダヤ人の血が多く入って、純粋のフランス人が少なくなるようだと聞かされた。

（ベルギー経由ドイツへ）

二月六日（火）

列車内で午前一時にドアをノックされて目覚めると、旅券の検査官が現れた。フランスからベルギーに入ったのである。検査は至って簡単だった。私が乗っている客車は一、二等車の一等室で、一人室なので何かと都合がよい。また、うとうとと眠っていると切符を調べにきた。次にノックされて起きたのは午前五時五十分（ドイツ時間の六時五〇分）、ドイツの官吏がきて荷物の検査をする。私のスーツケースの書類や日記を詳細に調べ、座席の下に隠匿物がないかまで調べられた。その次に来たのは税関吏で、スーツケース一個だけを簡単に調べて行った。

午前八時二十分ケルン駅着。大きな駅舎で、プラットホームの上はアーチ型、周囲のガラス窓はス

1843（天保14）年のドイツの客車

テンド・グラスを使っている。駅の近くに大きい教会が見えた。列車は午前八時五十分に発車したが、この街は相当な都会らしい。午前十一時二十分にドルトムンド駅着。この街は工業地らしい。ドイツ国内に列車が入ってから野原に残雪が見うけられた。いつ降った雪かわからぬが、空は曇って、雨か雪が降りそうな天候である。

この列車はパリ仕立てで、車両は chemin De Fer Du Nord, P. K. T., International Sleeping CarCo. の三社のもので編成されている。私が乗っている一等コンパートメントは上段、下段に寝台があり、二人一室である。窓はガラス一重で、フレームは真鍮ニッケル鍍金、ハンドルは上方のフレームに付けてあり、上から下へ開けられる。フレームの上方にワイヤー・ロープがついており、バランス・ウエイトの仕掛けで軽く開閉ができる。ウインド・サッシと外板内板との間にはラバー・シートを挿入して、エア・タイトを保たしめている。

室から廊下へのドアのガラスには両面用の寒暖計を

取りつけてあり、室の内からも廊下の通路からも見ることができるようになっている。一等コンパートメントの電灯は天井に小さいグローブ灯が二個ある。就寝の際、室内にあるスイッチを切ると、この二個のグローブ灯は消え、その中間の天井にある別の小さい天井灯がつく。そのグローブはバイオレット色で、眠るとき神経を刺激しないようになっている。インターナショナル寝台車にはS・K・F軸箱が使用されている。客車の構造は満鉄のものと同じく丸屋根で、外側は鋼板、内側は木板張り、私が乗っている一等車の製造会社は Fabryka Wagonow Lilpop, Rau & Loewenstein, Warszawa である。

昼食に食堂へ行った。食堂の椅子はシートとバックが別々になっており、二人掛けで、各人のシートは使用せぬときは上げておくようになっている。窓から塵埃が侵入するのを防ぐために、厚いラシャ布を食卓の上約一フィートくらいの高さまで取りつけて窓を隠している。食卓の上には電気スタンド、またビール瓶などの倒れるのを防ぐためパネルにボトル・ホルダーを取りつけてある。

午後二時二十分ハノーバー駅についた。この駅のプラットホームには婦人の物売りがいたが、ロンドンのヒューストン駅にいた婦人売り子よりは不体裁である。この列車には婦人の掃除人が一名乗務していた。

午後六時五分、列車はベルリンのツォー駅に到着。ベルリン滞在の満鉄社員四人が出迎えてくれた。ひとまず私の旅宿であるバーバロッサ街四十二番地のタナハシ・ホームにタクシーで行って荷物を置き、日本人会へ行って諸氏とともに食事をとりつつ話し合った。

（ベルリン）

二月七日（水）

横浜正金銀行支店へ行って、私の預金からドイツのレジスター・マルクを受け取る。午前十一時に三井物産支店を訪問、信原氏に面会してフライング・ハンブルグ列車の調査資料を集めてくれるように依頼した。夕方、満鉄社員星名氏とともに、日本人がベルリン銀座と称するツォー近くの商店街を散歩し、本日午後五時二十分ベルリンに到着した弟子丸氏を誘って、日本人会で晩餐を共にした。

二月八日（木）

満鉄社員千葉氏の案内で朝からベルリン市内を見物。ベルリン総合大学へ入ってみた。近くに大学付属の図書館がある。大学の向こう側に国立オペラ劇場、大学の側には遊就館があった。さらに歩いて行くと皇城橋である。そこを右へ曲がるとウイルヘルム一世の馬上の英姿やビスマルクの銅像がある。いずれも国宝の由。元の宮城でカイザー・ウイルヘルム二世が第一次大戦の宣戦詔勅を下したバルコンも外から見える。その前の広場に国民が集まって詔勅を聞いたといわれている。その宮城を入場料を支払って見物した。この前にある緑色の大きい丸屋根の建物が王室墳墓寺院、またその前にある大きい建築物は博物館である。

昼食後は世界一の広さを持つという百貨店ウェルテインへ行ったが、この百貨店は午後七時まで営業しているとのこと。

二月九日（金）

タナハシ氏の案内で、友人三名とともに日本への土産を買い求めに出た。ハンガリア料理店で昼食をとり、食後、ウェルテイン百貨店に寄る。夜はタナハシ氏から勧められたダイヤモンドの裸石二〇個を買い求めた。

二月十日（土）

百貨店カ・デ・ウェに行って土産物を買い求め、日本人会に寄った。

二月十一日（日）

午後一時、ツォー駅に集合した友人八名とともにポツダム宮殿見物に行く。冬であるが観覧者の数は多い。夜は一同、東洋館で夕食を共にした。

二月十二日（月）

ウェルテイン百貨店に行って数々の日本への土産を買い求める。帰途、日本人会で夕食をとり、午後七時三十分にタナハシ・ホームへ戻ったところ、三井物産支店気付で私あてに大連の満鉄本社からの電報が届けられていた。それは、スターテバントおよびフォスターボイラーの空気調整式とスチーム・ゼット式の三社の優劣を知らせよという趣きであった。

二月十三日（火）

大連の満鉄本社へ私からスターテバントおよびフォスターボイラーの製造会社不明であるから、見積者を通知されたしと返電した。

二月十四日（水）

友人とともにタナハシ・ホームを出て、地下鉄でポツダム広場で降り、ウルウォース店を見てティア公園へ入った。公園の道路の両側に三十二組の大理石の像がある。歴代の皇帝、王者と、その時代の有名な重臣の像である。ここに戦勝記念塔が高く見える。その頂上には金色の女神がある。この正面に見える金色の屋根の建築物がドイツ国会議事堂で、国家的記念日には大統領がこの正面の階段に現れて国民に挨拶する慣例であるという。国会議事堂の前には有名なビスマルクの銅像が建っている。次に凱旋門を見物した。この凱旋門の上に四頭の馬を引いた女神の像があるが、この像は、フランスと戦争をするたびに、取られたり、取り戻したりした像である。それからツォー駅までバスで行き動物園を観た。

二月十五日（木）

朝、横浜正金銀行支店へ行って、レジスター・マルクをポンドに両替えした。そのあと中管商会へ寄って昨日撮影した写真の現像焼付けを頼んだ。

二月十六日（金）

午前十一時、ラハルタ駅発の世界一の高速列車というフリーゲンデル・ハンバーガーに試乗してハンブルグへ向かう。私がアメリカにおける研究調査を終えてヨーロッパへ渡ったのは、このフリーゲンデル・ハンバーガーの試乗と調査が目的だったのである。この列車はベルリン〜ハンブルグ間の直線鉄路を走っているのであるが、よく故障を起こすので毎日運転するとはいえない。私が前に試乗に行ったときも故障のため、普通の蒸気機関車が牽引する列車であったので、今日まで待ったのである。この列車は二両連結で、各車両にディーゼル機関と発電装置、電動機を装備してあり、前後部同型になっている。客室には速度計が取りつけてあるので、私は列車速度の記録をとり、車両の構造を調査した。速度計の最高目盛は一時間に一六〇キロとなっていたが、私が記録した瞬間的な最高速度は、往路において一時間に一五六キロ、帰路は一五〇キロであった。かくのごとくスピード・アップのできたのは、車両の構造設計の優秀であることにもよるが、線路が直線でよく整備されているためということを考えなければならなぬ。

ハンブルグ駅を発車するフリーゲンデル・ハンバーガー

午後三時十五分、ハンブルグ駅発の同じフリーゲンデル・ハンバーガーでベルリンへ戻った。

二月十七日（土）

午後一時にツォー駅で友人三名に会い、電車でラハルタ駅に下りて交通博物館を見学した。帰途ウンター・デン・リンデン街を散歩したあと、一同日本人経営の藤の家で夕食を共にする。

二月十八日（日）

星名氏とともに外出、まず郵便局へ寄って用件をすませてから、弟子丸、穏岐氏を訪問、両氏を誘って散歩に出て、一同で野菜料理店で昼食をとる。夜は三菱商事支店の可児、木場両氏の招待で、星名氏とともに泰東飯店で支那料理のご馳走になり、そのあとカカデュでダンスを見物した。

二月十九日（月）

午前、穏岐氏が来訪、しばらく雑談して帰った。今日は終日、室にいて調査に過ごす。タナハシ氏が大理石像とブロンズ像を数個持ってきて買うように勧めるので、これを買い求めた。

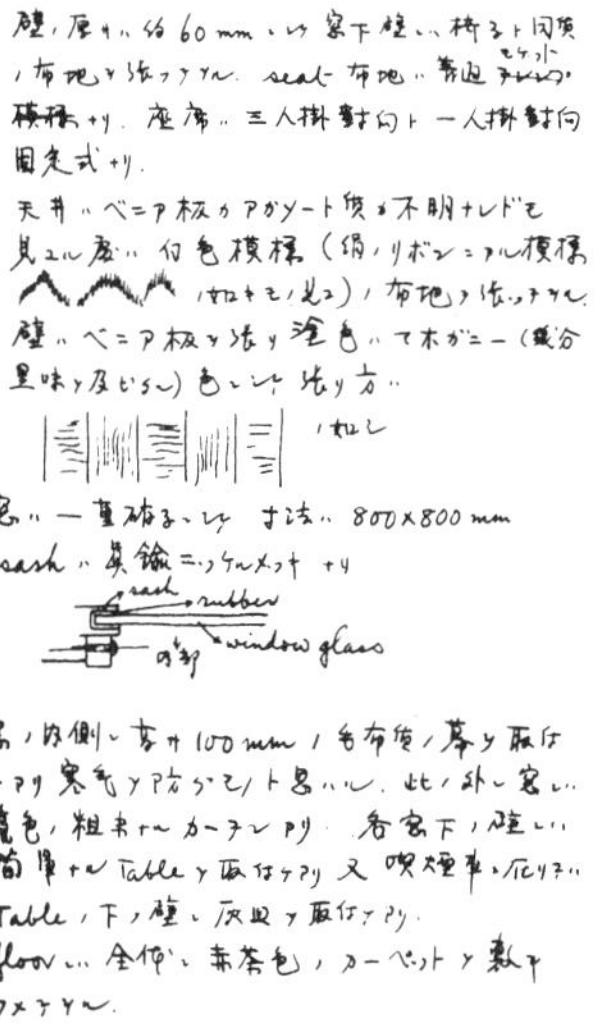

試乗した際の調査記録

二月二十日（火）

朝、三井物産支店に行って信原氏を訪ね、同社のロンドン支店へ、私からの質問に対する回答が未着だからその督促電報を出すように依頼した。私が大連の満鉄本社へ打電した件に対してはまだ返電が来ない。横浜正金銀行支店へ寄って、ポンドをレジスター・マルクに両替えしてもらった。それからウンター・デン・リンデン街の書店へ行って出版書を見る。

夜はフリーゲンデル・ハンバーガー列車の調査を記録した。

二月二十一日（水）

ベルリンに二月六日に到着して以来、一日として晴れわたった日はなかったが、今日も朝から雪がちらつき始めた。同じタナハシ・ホームに宿泊している八幡製鉄所の田中氏が旅行から帰ってきた。同氏とは学窓を出て以来久方振りの邂逅であり、午前中は懐旧談に花を咲かせた。午後は百貨店カルスタットへ行って土産物を買い求めた。

二月二十二日（木）

今日も天候悪く、朝食後外出したが小雨が降っていた。中管商会へ行ってドイツ製の写真機を買い求める。大連の満鉄本社からは返電が来ないし、また三井物産ロンドン支店からも回答なく、幾らかシビレをきらした。

二月二十三日（金）

朝、弟子丸氏をその下宿に訪ね、三月一日に弟子丸氏と同道ベルリンを出発してイタリアへの旅行のプランを作成した。その後、弟子丸氏とともに外出、横浜正金銀行支店で用件をすませ、ウェルゼインで昼食。弟子丸氏と別れて三菱商事支店へ行き、可児、木場両氏を訪ねて、私が買い求めた大理石像やブロンズ像などを荷造りして大連の私の宅あてに発送することを依頼した。

大連の満鉄本社へ次の電報を発信する。

「スターテバンド蒸気式は車両になし、フォスターボイラーどこが出したか　市原」

二月二十四日（土）

三菱商事支店に出入りしているドイツ人荷造業者が訪ねてきて、大理石像やブロンズ像の寸法を調べた。

大連の満鉄本社から次の返電があった。

「冷房装置はキャリアに決定した。フォスターボイラー大倉が出したが車両になし」

午後、星名氏とともに外出したところ、路上で弟子丸氏に会い、共に中管商会へ行って旅行先のホテルについてたずねた。そのあとポツダム広場その他の写真を撮って歩く。今日はヒットラー党の成立記念日なので党旗が至るところに出されていた。

二月二十五日（日）

今日はヒンデンブルグ大統領とヒットラー首相がウンター・デン・リンデンの無名戦死者の墓に詣でるというので、これを見物に出る。日本における戦死者の招魂祭のような日で、軒並みに三色旗と

ヒットラー首相を歓迎するベルリン市民

ヒットラー党旗が掲揚されているし、ウンター・デン・リンデンは大変な数の人々で賑わっていた。その光景を写真に撮る。大統領官邸前でヒンデンブルグ大統領が自動車で出て来るのを見た。近くで見ていた白人夫婦が私に、今出て来たのは誰か、どこへ行くのかと英語で聞いた。私も英語で説明したが、この白人はたぶんイギリス人かアメリカ人であろう。日本人ならば英語を解すると思い、多数いるドイツ人にたずねないで私に聞いたらしい。

午後になってヒットラー首相が出てきて自動車に乗るのを見た。彼はオープンカーで静かに進行したが国民大衆の歓迎の声は大したもので、ヒットラーの英姿を一目見ようとする国民はウンター・デン・リンデンの両側の歩道に満ちていた。ある者は並木に登り、またある者は建物によじ登っている者もいた。ある老婆は群集に押されながら、パラソルの先きに手鏡をくくり付けて、それを高く差し上げ、鏡に映るヒットラー首相を見て満足していた。

二月二十六日（月）

中管商会へ行って、ドイツからイタリアへの汽車の切符と、イタリアのベネチアから上海までの汽船の乗船券を予約した。カ・デ・ウェ百貨店へ寄って昼食をとったが、食堂でドイツ婦人が食後ビールを飲んでいるのを見て驚いた。夕食ならばまだしも、昼間から、しかも婦人がビールを飲むとは。給仕に聞いてみると、ドイツではコーヒーは輸入品のため高価であるから、コーヒーの代わりにビールを飲むのだとのことであった。

夜は星名氏とツォー駅附近を散歩したが、今晩は暖かくてよかった。

二月二十八日（水）

午前、三井物産支店を訪ねて、信原氏にベルリン出発の挨拶をする。それから横浜正金銀行支店でポンドをレジスター・マルクに両替えし、次にウンター・デン・リンデンの書店でフリーゲンデル・ハンバーガー列車の記事を掲載してある雑誌オルガンを求めた。夕食は星名氏を誘って日本人会食堂でお別れをした。夜、大連の満鉄本社への報告書と、私の岳父の経営する会社の上海出張所長と大連の自宅への書面をしたためて発送する。

（ミュンヘン）

三月一日（木）

午前七時三十分起床、出発の諸準備をして、午後十二時三十六分ベルリンのアンハルタル駅発の列車に乗る。駅では在ベルリンの満鉄社員の諸氏並びに三菱商事支店の諸氏の見送りを受け、弟子丸氏とともに出発。午後五時ごろ、列車はドイツとチェコスロバキアの国境の雪野原を通過、窓外を眺めると野生の鹿がいるのが見られた。

午後十時三十分、ミュンヘン駅着。駅前のホテル・ドイッツァー・カイザーに宿をとる。午後十一時から弟子丸氏とともに外出、ミュンヘンで有名なビア・バーH・Bへ行って、十二時までビールを飲んだ。階下は労働者風の客で満員。階上は幾らか上級の人々だった。時間がおそいため電車は待てどもなかなか来ないので、とうとう歩いてホテルへ帰る。

三月二日（金）

午前七時三十分起床。朝食後ドイツ博物館へ見学に行く。ここは技術博物館として世界第一といわれ、ことに鉱山に関するものが完備していた。鉄道交通に関するものは二室あった。午後三時に博物館を出て市内見物。一度ホテルへ帰って休憩後、午後六時にホテルを出て、ミュンヘンで有名なビアー・ホール四軒を飲んで回った。Spaten Brau, Hacker Brau, Pschorr Brau, Lowen Brau の四軒で、ミュンヘンの有名なビールはすべて試飲した。中でも Lowen Brau では入場料を支払って入ったが、今日はハンド・ハーモニカのオーケストラがあり、数千人の聴衆で盛大であった。ここは四軒の中で最も新しい形式のビアー・ホールである。

午後十一時十五分ミュンヘン駅発列車でイタリアへ向う。

（オーストリアを経てイタリアへ）

三月三日（土）

午前零時三十分ごろ列車はドイツとオーストリアの国境を通過する。ドイツの官吏が来てドイツ貨

イタリアの貨物列車

幣の所持金を取り調べた。次にはオーストリアの官吏が旅券の調べに来る。それから幾時間かうとうと眠ったと思うころ、またオーストリアの官吏が来た。列車がオーストリアを出国するので調べるらしい。少し列車が動いたかと思うとすぐ停車。今度はイタリアの官吏が来て旅券と手荷物の検査があったが、弟子丸氏の荷物をあまりにも念入りに調べたため時間がなくなり、私のスーツ・ケースには手も触れずに終わった。その間、ドイツ、オーストリア、イタリア、三ヵ国の鉄道乗務員が次々と切符を調べに来たので、全く眠ることができない。

午前六時四十五分トレント駅着。駅の食堂で朝食をとり、列車を乗り換え、午前八時五分トレント駅発ベネチア行の列車に乗る。こんど乗ったのはイタリア鉄道の列車で、客車は横側から乗降する貧弱なものである。しかしコンパートメントになっていて廊下があった。ここから列車は山の中を走る。ラゴ駅の近くには湖があり、山影がうって風光まことによい。窓を開けても暖かくて、春のようだった。

（ベネチア）

午後一時、ベネチア駅着。ホテル・レジナのポーターが出迎えたので荷物の世話を頼み、駅前からゴンドラに乗ってホテル玄関前に着く。中学時代に歴史や地理で学んだあこがれの水の都ベネチアへ来たのである。私が乗ったゴンドラは、家屋と家屋の間、街と街との間の水路を進み、水路の角に来ると船頭が何か声をあげている。ホーホーというように聞える。船の衝突を避けるための一種のサイレンらしい。建築物は水面から築きあげられている。

ホテル・レジナの四十八号室に入り、直ちにシェービングと洗面をした。列車の中には便所に手洗い器があるのみで、洗面所がなく、洗面ができなかったのである。ホテルの食堂で昼食をすませたのは午後三時、それから市内見物に出たが、商店街の道路幅の狭いのに驚いた。街なみは中世のままだという。

三月四日（日）

午前中はベネチアの市内見物。サン・マルコ広場を歩き、ガラス細工の工場を見学し、ホテルに戻ったのは正午だった。昼食後ホテルを出てゴンドラに乗って駅へ行き、午後二時十分発ローマ行きの急行列車に乗る。私が乗ったコンパートメントに三人のハンガリー婦人と一人のハンガリー男が乗ってきた。ハンガリー人は日本に対して非常に好感を持っているとかねてから聞いていたが、全くその通りで、日本を研究する気持があることが認められ、また日本の事情をよく知っている。男は日本の柔道という言葉も知っていた。彼らは英語を話すので、私は淋しさもなく旅が楽しめた。

“ムッソリーニ”と声高らかに手をあげるベニスの少年たち

（ローマ）

午後十二時ローマ駅着。駅前からタクシーに乗ってベルリンの中管商会が紹介したグランド・ホテル・フロナへ行ったが、満員のため、自分で近くのホテルを探し、レジナ・カルトン・ホテルへ投宿する。

三月五日（月）

サイト・シーイング・カーでローマを見物することにして、弟子丸氏とともにホテルを出る。見物した個所は㈠パンテオン総神神殿、円柱と円形の建築で有名である。ローマ最古のものでラフェエルと前皇帝の墓がある。㈡イタリア統一記念塔。一八八五―一九一一年白色大理石の塔で、高さ六三・五メートル。㈢パレー・ベネチア。昔はバチカンの大使邸であったが、今は熱血首相ムッソリーニの官邸。㈣カッピトリノの丘。ローマ七丘の一つ。記念塔の右裏の小山。登り口の左に狼が飼ってある。ローマ建設者ロモロとレーモを育てたのは牝狼である

ローマ建設者ロモロとレーモを育てたのは牝狼であるという伝説があり，それにちなんで作られた銅像

と伝えられているからである。㈤マルチェルロの古代劇場。見物席一万四千。附近に十三世紀ごろの家屋を掘り出したのがある。㈥ジャニーコロ丘。展望よし、ガリバルジの馬上の銅像がある。㈦フォーロ・ロマーノの発掘場。場内は王室、神殿、寺院などの跡が明らかに想像される。㈧コロッセオ円形劇場。紀元八〇年にできたもの。見物席は五万。㈨ネロ帝宮殿の跡。部屋の巨大なことと室数の多いのには驚いた。

三月六日（火）

今日もサイト・シーイング・カーでローマ見物をした。

㈠バチカン法王独立邦。一九二九年より独立。世界最小国で、人口は六〇〇〇人とも、二〇〇〇人とも、また六五〇〇人とも言われている。この国の周囲は四十五分で歩けるというが、独立国だけに、貨幣、郵便切手なども独立している。この国へ入ってバチカーニ博物館を見物した。世界的に有名であるが、なかんずく礼拝堂にあるミケランジェロの天上絵がいい。
(二)クイリナーレ王室。近衛兵、宮内省員、門衛が護っている。
(三)サン・ジョバンニ本院。世界の総本山ローマ大伽藍の一つである。パイプオルガンを二基設備してある。
(四)スカン・サンタ寺院。キリストの血の跡の遺る二十八の神聖なる階段があり、信者はこの階段を膝で歩いて昇っていた。
(五)サン・アンジェロ城。要塞であったり、また牢獄であったりしたが、今では博物館になっている。城の上にはペスト退治の神の像がある。
(六)コンスタンチーノ帝凱旋門。この門はコロッセオの横に一六〇〇年も建っている。
(七)ビア・アッピア・アンチカ街道。紀元前三一〇年にローマからコンスタンチノーブルまで続けようとした軍用道路である。
(八)クオ・ヴァデイス寺院。「主よ、いずこに行きたもうや」で有名なキリストの夢の足跡と旧道路のある寺院。
(九)ドミニカ・カタコンベ。キリスト教布教の初め、異教徒として排斥せられた多くの人々が地下を掘って住んだというところ。ローソクをともして地下を曲がり、また曲がり、二層、三層と行くロマンチックな地下家屋である。死者を埋めたという跡があり、また白骨やミイラがある。
(十)クラウジオ。多くの水道跡の中で昔のまま残っているものである。
(土)ポン・デュ・ガールの水道橋。橋は三層に築かれ、最上層が水道路だったもので、長さ二七五メートル、幅三メートル、高さ七メートルである。紀元前一九年にローマ人が完成した石造の水道橋であって、一五キロ北方のユゼスの泉から汲みあげた水を送ったのである。

三月七日（水）

今日のローマ見物は、㈠カッピトリノ博物館。ビーナスの美神の彫刻があるので、私は看守の許可を得て写真を撮った。ローマ建設者であるロモロとレーモを育てたという牝狼のブロンズ彫刻がある。㈡サン・ピエトロ・イン・ビンコリ寺院。小さい寺院であるが、その中にあるミケランジェロ作のモーゼの巨像は有名である。

見物を終え、レジナ通りにある日本大使館を訪問して私の旅行の目的を告げた。夜はレジナ・カルトン・ホテルで、イタリアのラゴ湖地方に住んでいるというイタリア人医師夫妻とその娘二人と知り合いになり、日本に関する話をした。医師は特に日本の陶器に関して興味を持っており、薩摩焼という名称も知っていた。

三月八日（木）

同行の弟子丸氏とローマで別れ、私は午前十時二十五分ローマ・ターミナル駅発の列車でベネチアに向かった。私は客車の一室を占領していたところ、イタリア人という爺さん一人と婆さん四人が入ってきて、同室させてくれと頼む。私はイタリア語はわからないが、そういう頼みらしい。田舎からローマへお寺詣りをしての帰りとみえた。彼らとは手まねで話すのであるが、だんだんと意味が通ずるようになった。彼らはボログナの者だということがわかった。私にイタリア語の印刷物を見せたので、私はその印刷物に書いてある意味はもちろんわからぬが、英語読みの発音で声を出して読むと、彼らは手を打って、よく読めるといって賞めているらしい。そして彼らも嬉しそうにみえた。午後六時過ぎ列車はボログナ駅に着いて、彼らは次々と私に握手して下車した。

次に、この駅から乗った男一人と婦人二人が私の室へ入ってきた。これまた、いずれもイタリア人で、言葉は通じないながらもお互いに話し合った。婦人二名は親子で、ベネチアのホテル・レジナへ行くというから、私も同じホテルへ行くのだというと、婆さん大そう嬉しそうな顔をした。午後九時十分ベネチア駅に着く。イタリア人親子は外に四、五人の連れがあるというので、私は駅前から一人でゴンドラに乗ってホテル・レジナに行った。室は五階の九二号室である。

（ベネチア）

三月九日（金）

朝食後、ベネチア博物館を見物した。珍しいものは昔の陶器とブロンズで、いずれも宗教に関するものである。よほど古いアダムとイブの像もあり、いずれも珍しく、ことに、すべて完全に保存されていることは他の博物館では見られない。

午後、私が乗る汽船の会社ロイド・ツレスチノへ寄った。午後三時、ホテルの勘定をすませて、ゴンドラに乗り、私をベネチアから上海まで連れて行く汽船コンテ・ロッソに乗船した。私の室は九五号室で、室内は広く、この室は二人室であるが、私一人で占領し、バス付きなのですこぶる好都合である。汽船コンテ・ロッソは午後六時十分に出帆。水の都ベネチアの夕景を眺めながらヨーロッパの地を離れる。いよいよ帰国の途についた心地がした。

イタリア人についての感想は、風貌は日本人に似ているのも多い。イタリア語を聞いていると朝鮮語を聞くようだ。ホテルの給仕曰く、日本は戦争に非常に強いことを承知していると。イタリアには葡萄が沢山耕作されており、葡萄酒の産額も多いようだ。この国はキリスト教の元祖らしく、キリスト教信者は酒は飲まぬことにしているが、葡萄酒は洗礼のときにも使用するし、これは差し支えないのだという。葡萄酒が売れないとイタリア人は困るだろう。うまくできている。ホテルでは朝食のときから婦人客でさえ葡萄酒を飲んでいるのを見た。

(7) イタリア汽船で上海へ

三月十日(土)

これから上海港へ着くまでの船中は食事と運動が仕事である。昼食のとき食堂へ行ったら、隣のテーブルにいた支那婦人客が支那語で私に、どこから来たかと聞く。私を支那人と思ったらしい。日本から来たと私が支那語で答えると、その後、彼女は何も話さなかった。そして、その後、食堂へも現れなかった。彼女は日本人に対して好感をもたないのか、あるいは敵意をもっているようにもみえた。

船中でだんだんと友人ができて愉快だ。日本人は私ただ一人だけ。一外人から私に、日本人でしょうと聞かれた。彼はイギリス人で、北海道に六年ほど住んでいて、北海道の木材をイギリスへ輸出している由。同伴の夫人を私に紹介した。両人とも幾らか日本語が話せる。また一人のイギリス人から話しかけられた。彼は木綿商の由で、この度初めて日本へ行くので幾分不安を持っているらしく私に上海における汽船の乗り換えなどについて質問した。私は上海から日本へは日本郵船の筥崎丸を推薦した。また子供連れのドイツ婦人がいて、この主人は上海で建築技師をしているという。この婦人は上海に三年間住んでいたが、子供が胃腸が弱いので七ヵ月ドイツの郷里へ帰っていたといい、支那語を勉強している。

午後四時四十五分、本船はブリンディシ港に入って岸壁に碇泊した。この港からはあまり乗客は多くなかったようである。この港は軍港でもあるのか、軍艦が十隻ほど港の内外に碇泊しており、また岸壁では水兵がそぞろ歩きをしていた。午後六時三十分、本船はブリンディシ港を抜錨。

三月十一日（日）

今日からぼつぼつ私の使命の研究にかかる。夜は「空軍」と題する映画を見た。

三月十二日（月）

本船はギリシャを左に遠く見て進む。一日何をするでもなく、ぶらぶらと過ごし、ときどき空気調整装置の書類を読んだ。午後十一時三十分か十二時ごろにポート・サイドに碇泊。ポート・サイド（Port Said）は初めて運河を開鑿するとき技師達の居住地として開かれたところで、その名は運河の開鑿を許可したエジプトの太守 Said Pasha の名前からとったのだという。人口七万、その大半はアラビヤ人である。この地は世界屈指の貯炭地で、寄港船に供給する石炭は年額一五〇万トンに達するという。私はアラビヤ人の風俗も見たく、上陸したかったが、真夜中のことで、もしも上陸中に出帆されては一大事と思い断念した。

（スエズ運河）

三月十三日（火）

スエズ運河は一八五九年に起工、一〇ヵ年の歳月と二四〇〇万ポンドの工事費を費やして一八六九（明治二）年に開通した。この開通によってヨーロッパ、アジアの船程は三千ないし四千浬（カイリ）短縮されたのである。延長八七浬、水面の幅員三二〇フィート、底部平均一三〇フィート、水深は平均三二フィート四分の三、通航船舶の吃水は三二フィートを限度とし、速力は五ノット三分の一以上を出すことは許されない。

午前八時ごろ本船はスエズ運河を航行し始めた。パイロットが乗り込んだとみえて、マストにはP印の旗が掲げられている。船はそろそろと航行している。進行方向の右側の陸地には鉄道が敷設されており、またところどころに汽船の碇泊地がある。距離標が立っている。それは延長八七浬北端から始めて、東岸のは浬、西岸のはキロメーターで表されている。海岸には緑の樹木も繁茂し、人家が点在するが、少し離れると砂漠である。進行方向の左側の陸地はずっと砂漠である。なかなか捨てがたい風光のところもあった。終日、岸を眺めながら過ごす。

午後七時過ぎに船はスエズ港の沖にとまってパイロットをおろし、直ちに出帆した。スエズを過ぎると紅海である。

夜は自室でキャリア式空気調整装置について研究した。

（紅　海）

三月十四日（水）

午前、午後とも空気調整装置の研究に過ごした。船は紅海を南下して、だんだんと暑くなってきたので、今日は甲板のプールに海水が張られて泳いでいる者もあった。私は水着を持っていなかったため残念ながら泳ぐことは出来ない。

三月十五日（木）

船はなお紅海を航行中。大そう暑い。船員は今日からすっかり白服になった。私も我慢ができないので夏服に着かえた。紅海は延長一二〇〇海里、幅員一〇〇ないし二〇〇海里、水深は最大一〇〇〇尋（一尋＝八尺　一尺＝0.303メートル　8×0.303＝2.424メートル）、したがってまん中では陸地が見えない。紅海といっても決して紅いわけではない、青い海で、霧があるためか両岸とも陸地は見えない。私は終日、空気調整装置に関する研究に従事した。午後九時三十分から一等のベランダで一、二等船客のクレージー・ナイトが催される。結局、酒を飲んでダンスをするだけ、暑いのにご苦労さまである。

三月十六日（金）

今日も暑いが、午前、午後ともキャリア式空気調整装置の翻訳をする。午後イタリア汽船ビクトリア号に出会った。また日本郵船のヨーロッパ航路の船にアデンの手前で出会った。この海峡をBab-el-mandebというが、これはアラビヤ語で「涙の瀬戸」という意味で、アラビヤ人は貿易風に乗ってインドへ航海するに当り、ここで故国との離別の情を偲んで、この名をつけたそうだ。

三月十七日（土）

昨日まで連日、空気調整装置に関する研究を続けたため、いささか疲労を覚えたので今日は休養することにした。

三月十八日（日）

今日は日曜日なので、午前九時から一等のラウンジ・ルームで教会が開かれるということで船客が集まっていた。船中で知り合いになったローマス氏に、あなたはなぜ教会へ行かないのかと聞くと、彼は、教会へは悪いことをした者が行くので、心の清らかな者は行かなくてもよい。心で信心していれば何も教会へ行く必要はないといっていた。上海へ行くというイギリスの老婆も、同じ理由で、教会へは行かぬといっていた。夜九時三十分から一等のベランダで大音楽会が催されるというので、私もタキシードに着かえて出かけようとしたが、あまりの暑さのためせっかくだがやめにした。

三月十九日（月）

朝からずっと空気調整装置に関する研究。夕食前に雨が少し降った。午後九時から一等のベランダでファンシー・ドレス・ボールが催されるので、私もタキシードを着て出席する。いろいろな仮装があったが、婦人で一等賞を得たのはアラビヤ人に仮装した人、男子の一等賞はナポレオンに仮装した人であった。

（ボンベイ）

三月二十一日（水）

午前二時ごろ目覚めたところ、船は停まっていた。窓から外を眺めると、電灯の光が遠くに見える。またベッドに入ったが、暑いので眠れない。船にも空気調整装置を早く設備して欲しいと思った。午前六時に室付きの給仕がきてボンベイ港へ入港したと知らせたので、朝食を手早くすませ、旅券の検査を終えて、午前七時三十分ごろボンベイに上陸した。

まず市内見物をするためタクシーを雇い、一時間八シリングの約束で三時間走らせた。この街はインド第二の大都会で、人口一五〇万という。道を行くインド人は痩せて疲れきったように見える者が多い。腰に布きれを巻いているのがおかしく思われた。女は腰の布ぎれを日本のふんどしのように締めている。街のまん中で貧しい人らしいのが噴水で水浴している。また、寝るに家なき者か、あるいは暑さが厳しいためか、路傍で寝たり炊事をしている者もあった。一方、富者の住む街へ行って見ると、見晴らしのよいところに立派な邸宅を建てている。動植物園、洗濯会社、市場、埠頭、公衆水浴場などを見物し、百貨店へ寄って夏服一着を買い求めた。街の丘に登って見ると樹木の間に禿げ鷹が沢山いる。

午後一時に船はボンベイ港を出帆、コロンボへ向かう。

三月二十二日(木)

午前から午後にわたり幾回も下痢をしたので、今日は食事は注意して軽くしたが、身体は疲労して元気がなくなった。原因はボンベイで食べたバナナと暑気あたりらしい。船医に診察してもらうことは充分承知していたが、もし赤痢だなどといわれ下船させられては大へんと思って我慢した。明日はコロンボへ寄港する。またと訪ねることはあるまいと思うコロンボだけに上陸ができなくては残念と、私は所持していたセイロ丸とタカジアスターゼを交互に服用しながら夜通し苦しんだ。何回、いや何十回寝返りしたかわからない。この旅行中初めての苦しみである。口は乾くが水は飲めない。ソーダ水を飲んだところ非常に気分がよくなった。ソーダが胃に作用したためか、あるいは先に服用した薬が効いたのであろうか。

三月二十三日(金)

(コロンボ)

午前七時になるのを待って、朝食を室へ運ばせる。最初のコーヒーが実にうまく感じた。朝食後また眠って、こんど起きたのは午前十時。甲板へ出てみた。気は持ちよう病は気からという言葉に従って、元気を出して起きたのである。午後二時コロンボ着の予定が遅れて午後四時になるということを正午過ぎに聞いた。今の私には一時間でも遅れることが望ましい。昼食にはスープと魚と蜜柑二個をとった。蜜柑はボンベイで船へ積み込んだインド産で、外皮は橙のように青いが甘い。午後四時にコロンボ港に着いた。

着港第一に船客の目に映ずるものは規模壮大な防波堤である。この工事は実に十数年の歳月と、二五〇〇万円の巨費を要したと聞かされた。旅券の検査を終えて上陸したのは午後四時三十分過ぎ。この港は岸壁に船を横づけにせず、ランチで通うのでランチ往復の料金を払う。

三月二十四日（土）

今日は元気になり、食事もうまくなった。一昨夜のような状態では、どうなることかと一時は心配した。今朝も船中で友達がたくさんできた。一人のイギリス人が函館の大火を知っているかと私に聞くから、知らないと答えると、そばにいた一人のインド人が、昨夜私に知らせようと思ったが、多分知っているだろうと思って言わなかったという。それから三人でスモーキング・ルームへ行ってみると、ラジオ通信で函館の大火が掲示してあった。暴風のため煙突が倒れて火災を起こし、一千名死亡、二千名行方不明、家を失った者一五万人、損害一千万円。

また一人のイギリス人がやってきて話しかけた。彼はボンベイにいた陸軍歩兵少佐だといって、日本の案内記（一九一三年出版）を所持していた。上海から北平を経て日本に寄り、アメリカ経由ロンドンへ帰るのだという。私が新興満洲国の首都新京へ行くことを勧めると、自分は軍人だからといって心配しているので、私は満洲国はオープン・ドアだから差支えない、ぜひ行くように勧めた。また、イギリス人の老婆が私に話しかけたが、この老婆の英語は非常によくわかり、一語として聞きもらすことはなかった。

三月二十五日（日）

午前中の涼しいときに甲板で本を読んでいると、キリスト教の牧師がきて私に、今日は日曜日だから勉強はよして休みなさいという。私は彼の心づかいに謝辞を述べたが、心の中では、ベネチアから上海までの航行二十六日間は食事と遊ぶことのほか働くこともなく日曜祭日もないと思った。

先日の晩ファンシー・ドレス・ボールのときにナポレオンに仮装して一等賞を得た男が私に話しかけてきた。彼はスイス人であるが支那語がわかるというので、支那語で話をする。秦皇島へ行くとのこと。友達が次々とできるので淋しくはないが、船旅も長くなるといやになる。この汽船の乗客は、イギリス、フランス、ドイツ、イタリア、ポルトガル、スペイン、ユーゴスラビア、ポーランド、スイス、スウェーデン、インド、アメリカ、チャイナというように多彩で、人種の展覧会のようである。日本人は私ただ一人である。

三月二十六日（月）

先日の下痢と疲労はすっかり治って、元の元気な身体になったので、勇気百倍というところで空気調整装置の研究を再開。研究の合間にはたくさんの友達と次々雑談するので、時間は知らぬ間に過ぎる。しかし早く帰国したい気持に変わりはない。もうあと一週間で上海へ着く。

（シンガポール）

三月二十七日（火）

今日はシンガポールへ寄港するので、当地に上陸する船客たちは朝から上陸準備に忙しそうだ。午後四時着の予定が早くなって、午後二時に着いた。シンガポールは梵語のシンガプラの訛ったもので「獅子の島」という意味。赤道からわずかに八〇海里、マレー半島の南端に位置し、広さは二二六平方マイルの小島である。一八一九年、英国東印度会社からスマトラ島およびベンクーレンの知事として派遣されたサー・トーマス・スタンフォード・ラッフルスが、将来この地が必ず枢要な地となると看破し、一時金六十一万ドルを納めて遂にイギリス国旗の支配下に置き、今日に至ったものである。

船が岸壁に着いて、警官が旅券の検査に乗り込んできたが、ただ上陸して見物する乗客に対しては検査はなかった。岸壁に着いたとき、出迎えの人々の中から一人の日本人が私のほうへ向かって、市原さんではありませんかと、下から大声で聞く。これはベルリンの三菱商事支店から電報で通知があり、シンガポールにいる三菱商事の社員が出迎えてくれたのである。

上陸して、同氏の案内で市の内外を見物した。波止場に面して一つの小島があり、島の南端に数条の煙突が見える。錫の精錬工場である。海岸の並木道からしばらく行くと、左側に大きい黄色の建物がある。これがラッフルス・ライブラリー・ミュージアムで、二階建、階下は図書館、階上は博物館である。今日はマレーの祭日なので、官庁や会社は休み、ラッフルス・ライブラリー・ミュージアムも休館であった。博物館前のオーチャード路を約二マイルほど行くと植物園がある。特に蘭科植物は最も興味がある。植物園、日本公園、土人住居などを見た。日本公園には赤い鳥居や太鼓橋があり、三笠山と名づける丘もあって、日本情緒を表している。市街の道路はアスファルト敷で、大そう美しく、自動車で走る気持はよい。ボンベイやコロンボに比べて立派な市街である。見物を終えて汽船への帰途、亀屋という日本人経営の商店で、土産に大きい海亀の剥製を買い求めた。

シンガポール市の人口は五十一万余、その人種は極めて複雑で、世界人種展覧会のようだ。大部分はアジア人で、ことに支那人が多く、全人口の七〇％を占め、しかもその三分の一は福建省人である。言葉は一般にマレー語が用いられている。土人の宗教は大てい回教である。錫の採掘、精錬とゴムの栽培とはマレー半島の二大産業であり、シンガポールの繁栄もこの二大事業に負うところが甚だ多いのである。シンガポール港の貿易年額は約十億ドルに上るといわれる。在留日本人の数は二五〇〇余名、全半島在住者を合計すると五〇〇〇余名に上ると聞いた。

汽船コンテ・ロッソは午後五時三十分出帆予定が遅れて午後六時三十分になった。シンガポール港内は日本の松島に似ているといわれるが、多数点在する小島に青々と茂った樹木の風景は全くそっくりである。最近この地は海軍根拠地築造問題がある。

シンガポールの港では、汽船が岸壁に近寄るときと離れるときに、土人が小舟に乗って本船に近寄ってきて、船客に、銀貨を海中へ投げてくれという。銀貨を投げると、土人は海中へ飛び込んで沈まぬうちに銀貨を拾い上げる。決して失敗しない。小舟に乗っている親子らしい原住民の老人のほうが、煙草をくわえたまま海中へ入って銀貨を拾うのを見た。この港のブレーキ・ウォーターは立派なものである。

三月二十八日（水）

午前中は空気調整装置に関する研究、午後は昼寝して六時に起き、入浴する。夕食後はイギリス人歩兵少佐夫妻、ダッサム氏、イギリス婦人と私の五人で、トランプをして楽しんだ。本船は時速一七・五ないし一八・九ノットで航行している。

三月二十九日（木）

午前中、急行列車に関する研究をしているところへ、ダッサム氏が日本語を習いにきた。午後は知り合った船客とトランプ遊びに過ごす。

三月三十日（金）

朝から船はよく揺れる。ゲーゲーやっている連中も相当あった。食堂へ行ったが、船客は船揺れのため少なかった。室内は暑さを感じなくなり、扇風機の要もなくなった。午後は二時間ほど昼寝して六時に起き、入浴。

（香　港）

三月三十一日（土）

午前三時十五分ごろに目覚めた。船は停まっているようだ。やがて船はホンコンの港へ入って九竜の埠頭につけた。雨が降っている。午前八時過ぎからダッサム氏とともに上陸した。香港は支那広東省の珠江の江口に横たわる約三〇平方マイルの一小島である。人口約五十六万。もとは一小漁村で南支那沿岸に跳梁していた海賊の巣窟としてその名を知られていたが、早くから通商上枢要の地としてイギリス人の注目するところとなり、一八四二年南京条約の結果イギリス領となった。香港はもと禿げ山であったが、イギリス人が鋭意開拓に従事して、水道を起こし、樹木を植え、風土を一変してこの大都市としたのである。その後一八六〇年、対岸の九竜半島約四平方マイルの地を併せ、さらに一八九八年に至り、背面二七〇平方マイルにわたる地、並びに近海の小島に対して九十九ヵ年の租借権を得て、今日に及んでいる。

香港市街は海岸通をコンノート・ロードといって、波止場が多数ある。ここから左へ少し行った広場の中央に、ビクトリア女王の銅像を中心に合わせて五個の銅像があり、広場の左右にさらに二基の銅像と戦勝記念碑がある。その左にある大きい石造建築は法院である。コンノート・ロードに平行して電車が運行している。クインズ・ロードには大商店が軒を並べており、その二つの道路のまん中がデ・ボー・ロード、この三つの道路が香港で最も主要な街区である。港は三面に山を負い、港内広く、かつ深く、世界屈指の天然の良港である。

船上からこの島を眺めると、全市がほとんど山陵からなり、海岸から山腹に至るまでヨーロッパ風の大建築が層をなして相重なってまことに繁栄を思わせる。香港島と九竜とは僅か一マイルしか離れておらず、フェリーボートが一〇分ごとに通っている。港内にはイギリスの軍艦や航空母艦が碇泊していた。

汽船コンテ・ロッソは午前十一時出帆の予定であったが、正午ごろになった。港には秩父丸、秋田丸、筥崎丸その他二隻の日本郵船会社の船が碇泊していた。本船が出帆する前に、小舟に乗った支那の女が船の側に寄ってきて、しきりにお金をくれと船客にねだる。船客がお金を海へ向かって投げると、彼女たちは魚すくいの網のようなもので巧みに受け取るのである。もし受けはずしてお金が海中に落ちたときは網を海中へ入れてすくう。シンガポール港における水中へ飛び込んでお金を拾うものに比べるとつまらない。

午後は空気調整装置に関する研究。夕食後はスモーキング・ルームでトランプをして楽しんだ。今日から涼しくなったので冬服に着かえる。香港を出帆してから大した揺れはなかった。

四月一日（日）

午前六時に目覚めたが、波が相当大きく高い。室の窓を完全に閉めてなかったため海水が室へ侵入してきた。朝食後も船は盛んに揺れる。留守宅の妻から、上海で出迎えるという電報が本船気付で届いた。

（上　海）

四月二日（月）

汽船コンテ・ロッソは上海埠頭に、イタリアのベネチア港を出帆して二十六日目に予定通りつつがなく安着した。埠頭には、妻、大明洋行の片山氏、三井物産上海支店、三菱商事上海支店の社員たちが出迎えてくれた。

上海はもと微々たる一小村であったが、一八四三年阿片戦争の結果、南京条約に基いて、広東、厦門、福州および寧波とともに開港させられるに至り、諸外国人は競ってここに集まってついに今日の繁栄をもたらしたのである。今や商業の旺盛なことは支那通商港中第一位を占め、出入船舶の多いことは東洋において第二位で、香港に次いでいる。その貿易年額およそ五億五千万海関テールに上り、全支那貿易額の四割を越え、人口約一五五万という。

バンド共同租界を東西に貫通する河を蘇州河という。それが黄浦江と合うところにかかっている鉄橋がガーデン・ブリッジ、この橋から黄浦江に沿うて上り、フランス租界に至る河岸通を、バンドまたは黄浦灘路と呼び、租界中最も美麗な大建築物が並列している。この中間に屹立している時計台は税関で、その前が波止場。船客送迎の小蒸気船は皆ここに発着している。ガーデン・ブリッジの袂に公園がある。また河岸の芝生には数個の記念碑や銅像がある。明治初年から二十二年間日本および支那に駐箚していたイギリス公使サー・ハリー・パークスおよび支那政府総税務司であったサー・ロバート・ハートの銅像がその主なものである。

上海県城は税関波止場から人力車でならば十分余で行ける。城の東南北の一半はフランス租界に属している。城は楕円形で、旧城壁には大東、小東、大南、小南、西、老北および新北の七つの門があったが、革命後、城壁を取り崩して道路を開いたので、交通が自由となり城内の面目を一新した。

南京路。――河岸通パークス銅像の立っているところから西へ至る電車道が南京路で、一般に大馬《タマ》路《ロ》と呼ぶ。内外人の大商店は多くここに集まり、賑やかなことは東洋第一であるといわれる。西端に競馬場があって毎年春秋二季に競馬が開催される。

四馬路《スマロ》（福州路）は、大馬路から南へ第四番目の街路である。茶館、酒楼、戯園、書場等が軒を並べ、夕方になると嫖客が四方から群がって来て、全市たちまち不夜城と化し、絃歌喧囂熱閙《げんかけんごうねつどう》の巷となる。

新公園は共同租界北四川路を北行して達する。上海における公園中最も広大なもので、先年極東オリンピック大会の会場であったので著名である。

上海の市街は共同租界、フランス租界および城内三区に分かれている。このほか、元アメリカ租界の北隣に閘北、県城の東南隣に南市、黄浦江の東岸に浦東があって、みな上海の一部をなしている。

在留日本人の大部分は共同租界内の元アメリカ租界に居住し、その数およそ二万で、在留外人中の第一位である。上海の行政は各租界の自治で支那政府の主権から独立した一つの共和国のような状態にあり、その政治的地位の特異なことは世界にその類例がない。わが在留民は帝国総領事館と居留民団の支配下にあるとともに、また租界市会の決議にも拘束されている。

（大連帰着）

上海から大連行きの大連汽船会社の便船を持つため上海のホテルに宿泊して、汽船で大連埠頭に到着したのは昭和九年四月五日である。私は大連埠頭からまっすぐ満鉄本社へ出勤して、直ちに特別急行列車の車両の設計に当たった。設計と製作を並行して進め、建造は満鉄大連鉄道工場で施工し、私は設計を監督しながら製作も監督して、完成の上、昭和九年十一月一日から満鉄本線大連─新京間に運転を開始、昭和十年九月一日からさらに哈爾浜まで延長運転した。これが流線形特別急行列車「あじあ」である。

流線形特別急行列車「あじあ」

(1)「あじあ」の出現

昭和七（一九三二）年三月一日、満洲国の建国が発表された。満鉄では、満洲国の発展にともなう新情勢に対応し、また高速度時代に順応するため、昭和九年（一九三四）十一月一日、大連＝新京間に世界最優秀の流線型特別急行列車の運転を開始、「あじあ」はここに颯爽たる勇姿を現わした。

その後、昭和十（一九三五）年三月二十三日、ソ連との間に北満鉄道の買収契約が成立し、満洲国は満鉄にその経営を委託したので、満鉄は新京＝哈爾浜《ハルビン》間の広軌線を標準軌間線に改築し、昭和十（一九三五）年九月一日から「あじあ」の運転を哈爾浜まで延長した。大連＝哈爾浜間九四四キロ、アジアとヨーロッパを結ぶ大動脈を、「あじあ」はその名にふさわしい堂々たる姿で快走し、そのスピードと、すばらしい車両設備は、すぐれた機能をもつ各装置と相まって、名実ともに最優秀列車として賞讃されたのである。

新興満洲の動脈を、濃藍色の機関車が、軽快な純白のカラーバンドを巻いた淡緑色の客車六輛を牽引して颯爽と走る。この特急「あじあ」は、あらゆる点でそれまでのわが国の鉄道車両の概念を打ちやぶり、近代科学の粋を集めた最高峰として、わが国の交通界に多大なる貢献をなしたことはもちろん、さらに、この設計ならびに製作はすべて満鉄の鉄道部においてなされ、使用された材料のほとんどが満洲国または日本産で、しかもその製作費は一列車の編成わずかに五〇万円、これをアメリカのユニオン・パシフィック鉄道の三両編成高速列車の二〇万ドルにくらべて遙かに安価であったことも、われわれの喜びとするところであった。

(2)「あじあ」の速度

現代の旅行者心理は「スピードへ、スピードへ」と向けられ、交通業者はこれに拍車をかけて必死の努力を続けている。そこで世界の交通界は、陸に、海に、空に、その快速を競い、まさに二十世紀はスピード時代であり列車の速度は一国の消長を物語る基準とさえなっている。

しかし、スピードを出す原動力は、ある限度に達すると、スピードの増加率の低減が立証されるに至った。つまり空気の抵抗という難問題にぶつかったのである。

この空気の抵抗に対する解決案が流線形(ストリーム・ライン)で、すなわち、流線形にすれば、極度に空気抵抗を減らし、速度を速めることができると同時に、経費も節減できることになる。アジアの鉄道界の先駆者として、満鉄では特別急行列車「あじあ」にこの流線形を採用することによって従来の記録を全く更新するに至った。

「あじあ」は最高時速一一〇キロの超スピードを出し、大連—新京間七〇一・四キロを八時間半の高速で快走し、さらにこの時間を短縮しようという素晴らしい予定を持っていた。この「あじあ」がいかに高速であったかということは、当時、鉄道省の快速を誇る「つばめ」が、東京=神戸間六〇一キロを時速六七・二キロ/時で走破していたのにくらべ、「あじあ」は一躍八二・五キロ/時のスピード

「あじあ」の全景

を保って、「つばめ」より早いこと一五・三キロ／時という素晴らしい数字を示したことでもわかる。

このように高い平均列車速度を得るためには、巨費を投じて全区間を複線とするほか、線路を改良し、曲線を大きくし、カーブにおける外側の線路の高さを適当にし、また勾配をゆるやかにするなどの必要な準備工作が施された。

なお、大連＝新京間七〇一キロをわずか八時間半で快走するにいたるまでの、満鉄のスピードアップに対するこれまでの不断の努力のあとを、急行列車についてみれば、明治四十一（一九〇八）年の二四時間一〇分、大正元（一九一二）年の一四時間四〇分、昭和二（一九二七）年の一二時間一〇分であったのに比し、まったく隔世の感がある。

(3)「あじあ」の運転開始当時における世界の鉄道車両の情勢

アメリカの鉄道では一九二〇年以後、旅客輸送量は激減している。これは経済的な不況の影響もあったが、一九二〇年においてすら旅客の輸送量は予定の六六・四%にしか達していない。これは主としてバスとの競争によるものと信じられていたが、それは実は大したことではない。一九二六年から一九三〇年に至る間に鉄道が失った旅客数は、同期間にバスの路線が獲得した旅客数の三倍である。ところが、一九二〇年以後の数年間に、自家用自動車による旅行者の数は鉄道旅客の減少数の一〇倍ないし一五倍に達した。このように、自家用車の増加で旅行者は激増したのであるが、一方、鉄道はこれによって大きな打撃を受けた。

この事実によってみても、アメリカにおける鉄道当局は、なにか従来より一層よりよい進んだサービスをして、自動車の持主でもなるべく鉄道での旅行を選ぶように仕向けなければならなかったことは言うまでもない。ここにおいて出現したのが高速度優秀列車である。

満鉄が特別急行列車「あじあ」を建造して運転を開始した昭和九(一九三四)年当時の、世界の最優秀急行列車をみると、

アメリカ	
20 th Century Limited	八七・二二km/h
Broadway Limited	八二・三六km/h
Union Pacific	一四四km/h
Zephyr	一四四km/m
ドイツ	
Fliegender Hamburger	一二四・七km/h

日本	
つばめ（鉄道省）	六六・八km／h
ひかり（朝鮮総督府鉄道局）	四九・一km／h
満洲（満鉄）	
あじあ（大連＝新京間八時間半の場合）	八二・五km／h
（〃　八時間の場合）	八七・七二km／h
（〃　七時間の場合）	一〇〇・二五km／h

であるが、このうちドイツのフリーゲンデル・ハンバーガーは二両編成で、その動力はディーゼル・エレクトリックであり、またアメリカのユニオン・パシフィックおよびツェファーとも、いずれも三両編成で、これらの動力は、これまたディーゼル・エレクトリックであるので、「あじあ」のように蒸気機関車によるものとは、その速度の比較はできない。

そのほかの蒸気機関車牽引のものは、二十世紀リミテッドおよびブロードウェイ・リミテッドであるが、これらはいずれも、ある一部区間は電気機関車で牽引しているので、「あじあ」の速度が、当時の鉄道界で驚異の的となったのである。しかも「あじあ」は、線路関係の改良補修を待って、大連＝新京間を八時間から七時間に短縮する計画を持っていたので、そのときはさらに一段とスピードアップされ、いよいよ世界一の高速列車となったことであろう。なお車両は時速一四〇キロを目標に設計製作されていた。

流線形覆をとりはずした機関車

次に「あじあ」が世界の鉄道界に誇りとしたことは、一個列車の全客車に完全な空気調整装置を設備したことである。当時ヨーロッパでは空気調整装置を設備した車両は皆無であり、またアメリカでも車両に空気調整装置を設けたのは近々のことであって、しかも一個列車全車両に設備したものはなく、特殊な客車、食堂車に設けられていたにすぎなかった。

アメリカで空気調整装置を客車に応用した年代は、

(1) アンモニアを冷媒としブラインを冷却するメカニカル式は、一九三〇年より

(2) スチーム・エジェクターを用いて真空を作り、水を冷却するスチーム・エジェクター式は、一九三一年より

(3) フレオンを冷媒として直接空気を冷却するメカニカル式(プルマン式)は、一九三二年より

(4) フレオンを冷媒として直接空気を冷却するメカニカル式(ウエスティングハウス式)は、一九三二年より

であって、満鉄の「あじあ」が一九三四年にスチー

ム・エジェクター式を列車の全客車、食堂車に設備して運用したことは誇りとするに足りる。

(4)「あじあ」の編成

列車の編成は、機関車のほか、客車六両連結とし、手荷物郵便車一両、三等客車二両、食堂車一両、二等客車一両、展望一等客車一両の順であったが、必要に応じて後部より二両目に一等客車あるいは二等客車一両を連結することができた。

(5)「あじあ」の機関車

この機関車は、大連＝新京間の満鉄本線で特別急行列車「あじあ」を運転するために、その必要とする能力と性能に応じて設計されたものである。

本機関車の運転整備重量の設計計算値は一一七・八三トンで、ほかに満載時八四トンの炭水車を連結する。その一軸の重量は働輪で二四トンの制限をつけた。

レールを打撃する過剰平衡錘重量は、気筒前後運動部品重量の三五％をとり、これを各働輪に分布した。そして気筒前後運動部品は、そのシリンダー直径に比べてきわめて軽くすることに努力した。

本機関車には、機関車および炭水車ともに流線形外覆をとりつけた。この外覆は、当時世界で蒸気機関車に試みたのはきわめて稀れで、その総走行抵抗に対する効果率は、内燃機関などによる高速軌道単車のものと比較されるべきものでなかった。しかしながら、満洲特有の風土、気象では、これらの装甲の効果は軽視すべきものでないので、この外覆に大いに期待がかけられたのである。

流線形覆の設計に当たっては、運転本来の目的を達する上に必要な点検、修理作業などで不便を感じないようにつとめ、また従来、機関車のはき出す煤煙、排気および炭殻は車体に沿って流れ、機関士の前方注視を妨げるので、これを防ぐこととした。

本機関車は、のちに種々の設備が完成のときには最高時速一四〇キロの運転に耐えられるものとしたので、構造中、特に曲線路の安全通過と、機関車後部と炭水車前部の動揺防止については、諸機構の選択に誤まりがないように注意する。

本機関車の準備設計は、満鉄鉄道部で昭和八(一九三三)年十二月に着手し、翌年一月より本格的に設計製図を開始した。この製作は満鉄大連鉄道工場が三両、川崎車両製造会社が八両引き受け、多大の努力の結果、八月十五日公式試運転を完了して優秀な成績をおさめた。なお、本機関車の製作には、わずかの特殊鋼を除きほとんど国産品を使用した。

以下、この機関車の主要寸法ならびに主要機構について概説する。

主　要　寸　法

機号パシナ形	四―六―二
軌　間	一、四三五ミリ
気筒直径および行程	六一〇ミリ×七一〇ミリ
働輪直径	二、〇〇〇ミリ
気缶常用圧力	一五・五kg／cm²
輪軸距	
働輪固定軸	四、一六〇ミリ

機関車全輪軸	一一、〇〇〇ミリ
機関車並びに炭水車総軸	二二、四〇五ミリ
運転整備軸重量（計算値）	
働輪上	七二、〇〇〇キロ
先輪上	二一、〇〇〇キロ
従輪上	二三、〇〇〇キロ
機関車全輪上	一一六、〇〇〇キロ
炭水車全輪上	八四、〇〇〇キロ
機関車並びに炭水車総重量	二〇〇、〇〇〇キロ
空気軸重量	
機関車	一〇二、一〇〇キロ
炭水車	三五、〇〇〇キロ
機関車および炭水車総重量	一三七、一〇〇キロ
燃料種類	撫順炭
気缶諸寸法	
前部缶胴内径	一、九六〇ミリ
後部缶胴外径	二、一三〇ミリ
火室内側長さ	二、九一九ミリ
火室内幅	二、一四〇ミリ

燃焼室長さ	一、〇六七ミリ
煙管外径および数	五一ミリ七〇本
大煙管外径および数	九〇ミリ一三二本
大煙管長さ	五、一五〇ミリ
アーチ水管外径および数	七六ミリ四本
気缶蒸発伝熱面積	
煙　管	五七・一〇平方メートル
大煙管	一九一・〇五平方メートル
火　室	二六・二六平方メートル
アーチ管	三・〇三平方メートル
全伝熱面積	二七七・四四平方メートル
過熱面積	一〇二・二〇平方メートル
火床面積	六・二五平方メートル
炭水車容量	
水槽容量	三七、〇〇〇リットル
炭槽容量	一二、〇〇〇キロ
連結器高さ（軌条面より）	
機関車前端	八七六ミリ
炭水車（満載の場合）	八六四ミリ

連結器間距離　二五、六七五ミリ
気缶中心高さ（軌条面より）　三、一五〇ミリ
牽引力（八五％）　一六、八四〇キロ
粘着率　四・二七

㈠ **気缶およびその付属品**

気缶の形式はストレート・トップ・ボトム・コニカルの缶胴と広火床の火室から成り、常用圧力は一五・五キロ平方センチとし、缶胴にはニッケル鋼板を、そのほかには満鉄規格の缶胴材を使用した。缶設計は安全率四・五以上を標準とし、火室ステーその他については特に注意して安全をはかった。缶胴は三環から成り、第一缶胴の内径一、九六〇ミリ、第三缶胴の外径は二、一三〇ミリとし、第二缶胴はボトム・コニカルとした。缶胴用ニッケル鋼板はアメリカのルーケンス会社のものを購入した。このニッケル鋼板を使用することによって、缶胴だけについてみれば重量軽減率は二一％減となった。

この鋼材の価格はアメリカ製気缶鋼材市価の約二・五倍なので、この機関車の場合、建造費は約三・二％高となった。また、この鋼材の工作上の難易は、工作した結果きわめて容易であることを経験した。かつまた、このニッケル鋼材で製作された気缶は腐蝕が少ないことを、如実に実験したのである。それで、この鋼材を重量軽減の目的で使用する場合は、気缶圧力が高く、缶胴がやや大きいときにのみ有利で、将来この種の鋼材がわが国で安価に入手することができれば、気缶製作上のみでなく各種の方面に有利となるであろうと思われた。

露天掘電気ショベル（撫順炭礦）

火室は燃焼室付きとし、内火室の天井板、側板、燃焼室底板および後板には、アメリカのルーケンス会社製の特殊圧延鋼板を使用した。内火室は全部突合せ電気熔接を行い、また内外喉板にはフランジングオリティー火室鋼板を使用した。

ステーは満鉄従来の標準によったので特殊な点はないが、この気缶のような火室構造では、加圧による屋根板および天井板とも不均衡圧力によって歪みを生ずるので、ステーの屋根上の分布については十分注意した。

小煙管は熱間引抜鋼管、大煙管は冷間引抜鋼管を使用した。両煙管とも後管板への取り付けは鋼管を用いず、管の端を管板から三ミリ突き出し、やや拡張した上、突出部と管板とを砂吹および清拭したのち電気熔接を行った。前管板の取り付けは全部拡張折り返しによるものとした。

従来アーチレンガは、水管前端のつけ根に炭殻落しのため間隔レンガを置いたが、本機関車ではこれをやめ、代りに上部に一列のアーチレンガを増設し、火炎を一度絞り、燃焼機構を改善するとともに、火炎の道程を延長することにつとめた。

火床棒は鋳鉄製軽重櫛形とし、本機関車に使用する撫順炭は多量の粉炭と煉炭を混ぜるため、火床棒通風間隔の狭いものを採用した。その間隔は一六ミリで、通風面積の火床との比率は二八％である。本機にはストーカーを設備したので、通風圧力を弱く、火層を薄く保たせ、それによって、燃焼効率の上昇と気筒排気圧の低下によって炭水の節約ができるようにした。

本機に採用した過熱管は、アメリカのスーパーヒーター会社のE型という細管式で、この過熱管は、従来のA型に比較すると、蒸気面積に大きな影響を与えないで過熱面積を増加できる利益のあるものである。

本機に使用したストーカーは、新たに設計された大阪発動機会社製のものを採用した。このストーカーの原形はアメリカの大型機関車に使用されているデュポン式で、蒸気ジェットによって火を焚くものである。デュポン式ストーカーは最大一時間二四、五〇〇キロの焚火能力があるが、これを約八〇％に縮小し、同時に石炭散布テーブルを火床および石炭の種類に適するように改善したものである。

ストーカー用機関は、軸重の関係上、炭水車側に取り付け、機関車と炭水車との間には自在接手管を用いた。またストーカーの万一の故障を考えて、人力での焚火にも差支えないように工夫した。加減弁はアメリカのスーパーヒーター会社の多弁式とし、過熱管寄せと一体のものとした。この装置の利点は、その構造上からして、不時の停車の際、制動距離を短縮できる便がある。給水加熱装置は密閉式とし、加熱器は円筒型多管式にして、予備としてナザン式BH一〇注水器を一個備えた。

(二) 台枠、気筒および弁装置その他

主台枠は厚さ一一四ミリの鋳鋼製棒状とし、後台枠は揺籃型一体鋳鋼製で、主台枠後部にはめ込み、ボルト締めとし、左右の台枠の接続は数個の鋳鋼製横梁で頑丈に組み立てたものである。主台枠各部の断面強度は、機関車の大きさあるいは気筒圧力の大きさに基づいて、その会社の持つ線路の状態によって経験上から決定するほかはなく、本機関車では、アメリカの機関車製造会社で用いている気筒圧力に基づく各断面の内力よりおよそ一〇%を超過する値を採用すると同時に、できる限り各部の軽量をはかった。

本機関車台枠部の新しい試みとして、後台枠に鋳鋼製一体鋳造の揺籃枠を採用した。その特徴は、前部主台枠連結部の剛性に処し、気缶火室底枠と二カ所で固定して、総合的に横動に対して強力であることで、特にこの枠は従来の組立式にくらべ横歪みがなく、高速での動揺による火室のねじれを軽くし、ひいてはステー類のゆるみや折損を少なくするものである。

気筒の直径は六〇〇ミリ、行程は七一〇ミリ、缶鞍付左右二個抱合式鋳鋼製とし、気筒および弁室内筒は特にニッケル鋳鉄製のものを採用した。気筒の材質を鋳鋼としたのは、十分な剛性が得られると同時に重量の軽減をはかったのである。試みに鋳鉄製の同直径のものと比較すると、その重量は二三%の軽減となる。

なお、この気筒には脇路弁を付けず、また従来使用していた空気弁も付けず、惰力運転の場合は必ずドリフティングスチームを供給し、それで気筒の冷却と給油状態の保全につとめることにした。ピストンはきわめて軽く設計するために、ユニバーサル・セクション型詰輪を取りつけたものとした。この詰輪の製作は、従来のものに比べて工費がはるかに高く、かつ取付作業がやや面倒であるが、気

壁に対する圧力が平均して強くなく、かつピストンのコジレに対し自在であるため、蒸気の洩れが少ない。

弁装置はワルシャート式とし、逆転装置はアルコ式空気動力逆転器を使用した。蒸気締切は五〇％をもって制限するものとし、発車を容易にするため八〇％で締め切る補助挟気口を設けた。また弁装置の各運動部は、その摩擦抵抗を減らすように多大な注意を払った。気筒凝水弁は普通型であるが、その開閉装置は空気操作による。

機関車および炭水車間の牽引桿には安全桿をつけ、緩衝器はラジアル式で、鋳鉄製遊動機をつけた。炭水車側には、つる巻バネ緩衝器を取りつけ、緩衝頭は鋳鋼製のものを採用した。

㈢　**働輪、主連棒および連結棒その他**

働輪は直径二〇〇〇ミリ外輪つきであり、輪心は鋳鋼製で、特に入念に熱処理を行った。輪心ボスには従来ハブ面当金をつけたが、本機には軸箱面に取りつけた。車軸軸受部は、主軸で直径二八〇ミリ、長さ三三〇ミリ、他軸は直径二六七ミリ、長さ三〇五ミリとし、いずれも中空として重量を軽くした。

軸箱は鋳鋼製で、軸受およびハブ面当金は砲金製とした。特に本機の目的である長距離無停車運転に適するために、給油には細心の注意を払い、潤滑にはボッシュ型軟グリース機械給油器を備え、各軸に給油をし、軸箱と給油管の連絡にはゴム自在管を用いたが、別に硬グリース油箱を取りつけ、軟グリース給油と併用した。そして軟グリース給油状態が順調なときは硬グリース使用量はわずかで、あたかも予備給油装置として便利であった。グリース箱はパッド式、内側蓋は蝶番いとし、硬グリース内箱は一まとめにして出し入れに便利なものにした。ハブ面給油は軟グリース機械給油によるが、別に弾機鞍に油壺を設け、滴下給油を併用した。

軸箱守前部には硬質砲金製靴を用い、後部楔は鋳鉄製とした。楔と軸箱との間には砲金製フローティング・プレートを挿入し、楔は常に弾機によって自動調節ができるものとした。本機のバネ装置の板バネ鋼材は満鉄規格硅素マンガン鋼を使用したもので、この鋼材は特に厳冬に適し、疲労による変形が少ない特性があった。

主連棒と連結棒はI型断面で、良質の鍛鋼を使用し、油調質後、機械加工を施したもので、主連棒大端はフローティング・ブッシュ付ソリッド型、ほかは普通型である。主クランク・ピンは中空とし、中空部は内外側に栓をして、内部には硬グリースを詰め、連結棒受金および主連棒受金がやや熱したときは補助給油をさせるように、クランク・ピンに吹出孔を設けてあった。

(四) 先台車および従台車

先台車は四輪式とし、台枠は一体鋳造である。誘導装置は復元駒と傾斜鞍を使い、鋳鋼製であった。車輪は外径九二〇ミリ外輪付きで、軸箱は普通型油箱を用い、軸箱当金はリムーバブル・ハブライナー式とし、砲金製バビット盛金を施した。

従台車は二輪デルタ−式とした。デルタ−台枠は一体鋳造の鋳鋼品で、制動装置を持つものである。復元装置は左右に復元駒と傾斜靴を用いた。車輪は外径一一七〇ミリ外輪付きで、軸箱は軸守によって支えられる鋳鋼製のものである。

(五) 機関士室、流線形覆その他

機関士室は閉塞式で、鋼材で組み立て、ベニヤ板で裏づけをし、防寒、防音のためフェルトを挟んだ。また機関士の疲労を軽くし十分な能力を発揮させるため、室内の色にも注意し、天井は灰色、側壁はニス塗りとした。

また機関士室と炭水車の間は、列車編成後、全体的な流線形を形成する目的で、ベスティビュール式とした。

流線形覆は鋼材の骨組の上に鋼板で覆ったもので、その形は理想的な流線形にすることが最も望ましいが、機関士の前方の見とおし、重要な部分の日常の点検あるいは工作上の困難さのために、多大の苦心を払い、できる限り理想に近づけた。

(六) 炭水車

炭水車台枠は組立式で、台枠の設計は、のちにウォータースコップ式に改造できるよう考慮した。台車は四輪台車二個、鋳鋼製の側枠および揺枕を使用した。車輪は外径九二〇ミリ外輪付きで、軸箱は上下一体式ティムケン・テーパーローラー・ベアリングを使用した。

水槽は矩形U字形、炭槽容量は一二トン、水槽容量は三七立方米である。水槽には客車断面と同型の覆をつけ、客車との連絡は、連結、解放が容易なベスティビュール式とし、連結部において、列車が走行中、大気が車体の側面や上面に沿ってスムーズに流れ、渦流を起こさないように図った。また本覆は、給水、給炭のため一部を簡単に開閉できるものでなければならないので、開閉用覆は軽合金板を用い、開閉は手動によって迅速にできるよう特に考案した。

客車との連結、解放をする後部連結器は、従来の柴田式を使用し、緩衝器はエッジウォーター式を採用した。

(6)「あじあ」の客車

外側の形は、列車編成すると全体的に流線形となり、風圧による抵抗を減らせるようにし、他方、できる限り重量抵抗を減らすため、可能な限りアルミニウムとマグネシウム合金を採用するとともに、高張力特殊鋼を使用し、構造部の断面積の縮小と熔接の採用などによって、各部の死荷重を減らすことにつとめた。

すべて軸箱はＳＫＦローラーベアリングを採用し、摩擦抵抗を最小にし、あわせて検査の労を省くこととした。

車体の構造は、運転中に外から伝わる音および振動を防止することはもちろん、振動によって共鳴して発音することのないように特別の注意を払って設計し、車体各部にフェルト絶縁を施したほか、フランネル、フェルト帯、圧搾カポック板などによって防音したので、高速運転中でも、その乗り心地は、はるかに在来の優級車をしのぐものであった。

一方、高速運転に伴なう塵埃の侵入を防ぎ、かつ室内の空気状態を最も快適にするため、手荷物郵便車以外の各客車にはすべて蒸気放射式空気調整装置を設備し、夏季の冷房および除湿を行い、冬季は同装置および補助放熱管によって暖房と給湿をすることにした。

台車はすべて六輪ボギー台車で、主要部分には音と振動防止のゴム板を挿入した。

制動装置はアメリカのウエスティングハウス式ＬＮ型とし、双制輪子式制動機を使用した。

流線形特別急行列車「あじあ」

手 荷 物 郵 便 車

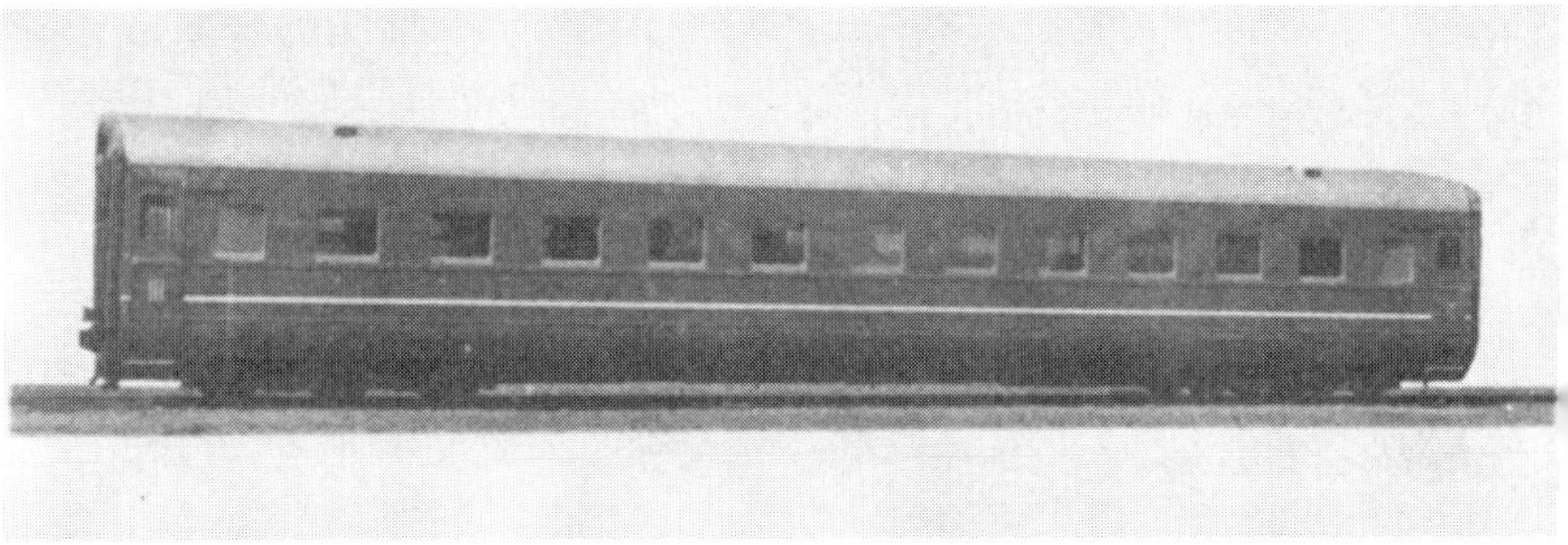

三　　等　　車

食　　堂　　車

㈠　**手荷物郵便車**

六輪ボギー車で、両端に幅広昇降台があり、屋根は丸屋根であった。一方の車端に近く郵便室が、次に郵便区分室があった。他方の車端に近く乗務員室が、次に手荷物室があった。手荷物室と郵便区分室との間に共用の便所が一カ所設置されていた。

㈡　**三等客車**

丸屋根六輪ボギー車で、両端に幅広昇降台、両車端に便所、洗面所各一カ所ずつを設けた。客室は中央に通路を設け、四人対向固定式座席八十八名分であった。

㈢　**食堂車**

六輪ボギー車で、この車は両端昇降台を省略し、車端まで車室にしてあった。車端に六名分の座席のある待合室があり、次に仕切壁と引戸を隔てて三十六名分の食堂を設けた。食堂の次に勘定台、冷蔵庫、飾り戸棚などの設備、他端に配膳室と料理室があった。料理カマドは重油式を採用した。

旅を快適なものにするため、食堂車には特に細心の注意が払われていて、車内構造や装飾はきわめて清楚明朗で、多分に近代感覚があふれ、落ちついて食事を楽しむことができるようにした。

食事は和洋定食と一品料理で、すべてこれが車の上で調理されたものかと驚くような豪華な献立である。ほかに酒類や飲物も豊富に準備され、また、この特別急行列車のために特に作られた「あじあ」カクテルは、グリーンとスカーレットの二種があり、食堂の人気を集めていた。

しゃれたユニホームを着た金髪のロシア娘のウエイトレスたちが、若鮎のように溌溂とテーブルの間を縫ってサービスする、そのスマートな洗練されたサービスぶりは、国際列車であるこの列車にふさわしい異国情緒を織りこんで、旅情をなぐさめるのに十分であった。

定食料金　和洋食とも　昼・夕食一円五〇銭

「あじあカクテル」　五〇銭

㈣　**二等客車**

丸屋根の六輪ボギー車で、両端に幅広昇降台があり、一方の車端に和式便所と洗面所各一カ所、他方の車端に洋式便所兼洗面所、給仕室および物入れを設けてあった。

中央部を客室として、六十八名分の二人掛け回転腰掛を設けた。座席のボタンを押せば、腰掛はどちらの方向にも四十五度に回転するので、移りゆく窓外の風景を存分に満喫することができる。

㈤　**展望一等客室**

丸屋根六輪ボギー車で、展望室、特別室、一等室および付属設備があった。

展望室側の車端は流線形で、昇降台を設けず、車端まで十分な展望室に当て、一等室寄り車端には幅広昇降台を設けた。

展望一等車は近代的感覚を十二分に室内にただよわせて、まず旅を明るくするが、定員三十名の座席は絹テレンプ張りのダブルクッション、座席と展望室とは仕切りが取り除かれているので、見通しがきいて、車室を明るくしていた。展望室は、豪華な肘掛け安楽椅子や二人掛けソファーがほどよく配置され、定員十二名となって旅の団欒をつくりだす。

二　等　車

展望一等車

展望一等車の一等室

なお展望室と一等座席との間には書棚とテーブルがあり、快く旅の手紙がしたためられるし、読書やカードも楽しむことができ、またマグネット式碁盤、碁石も備えられて囲碁愛好家に喜ばれていた。

車室の入口に近い特別室は定員二名で、肘掛け安楽椅子、ソファーのほか、脇置、茶卓などが備えつけられて善美をつくしていた。

特別室と車端とのあいだに洗面所、婦人化粧室、男子便所、荷物室、車掌兼給仕室および物入れが配置してあった。

客車内部の装飾はすべてスピードを表し、つとめて軽快な感覚を持つよう気をくばられている。その用材は満洲産のクルミ材を主とし、これに楡樹根杢などを巧みに配していた。

食 堂 車 内 部

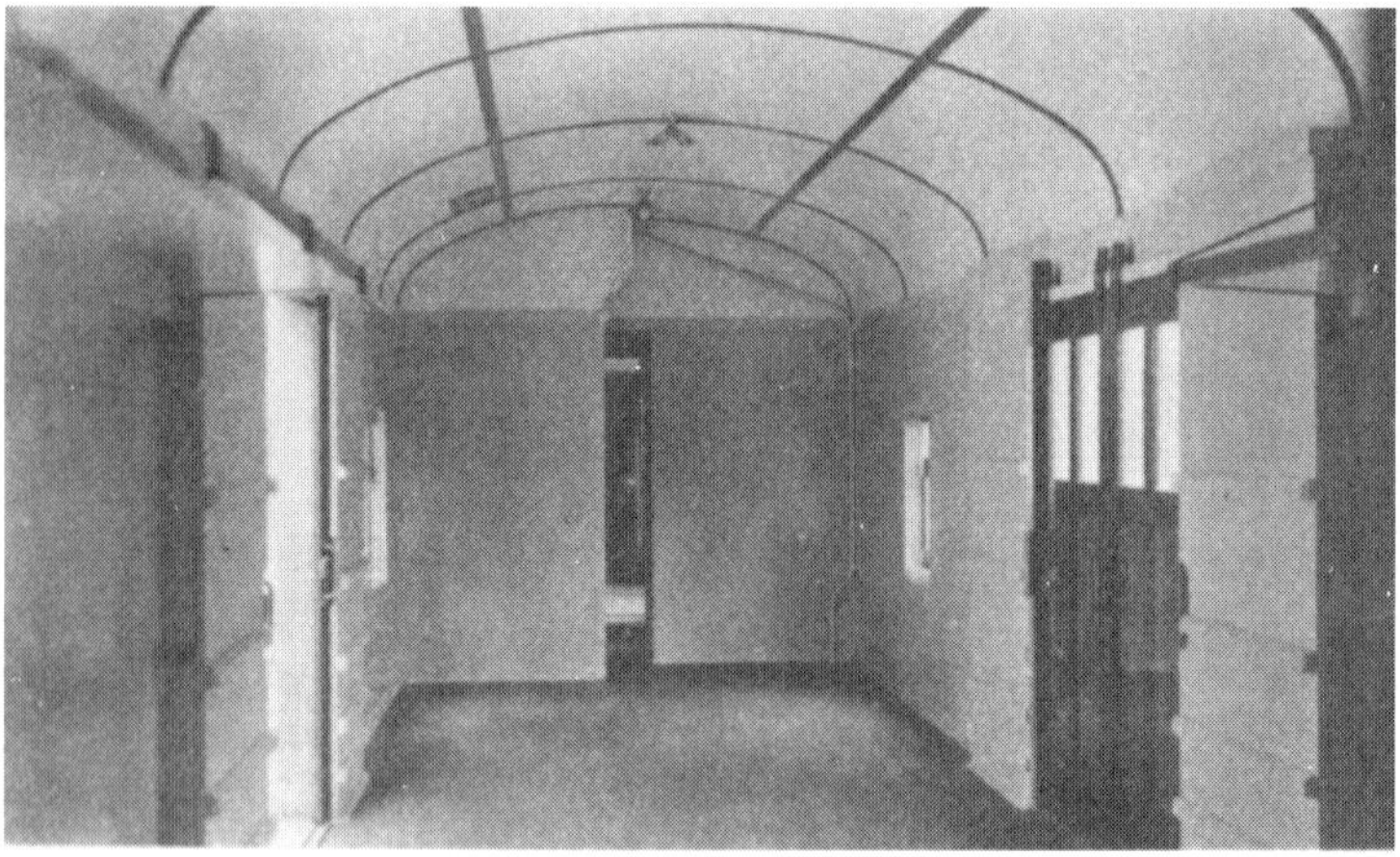

手 荷 物 室 内 部

二　等　車　内　部

三　等　車　内　部

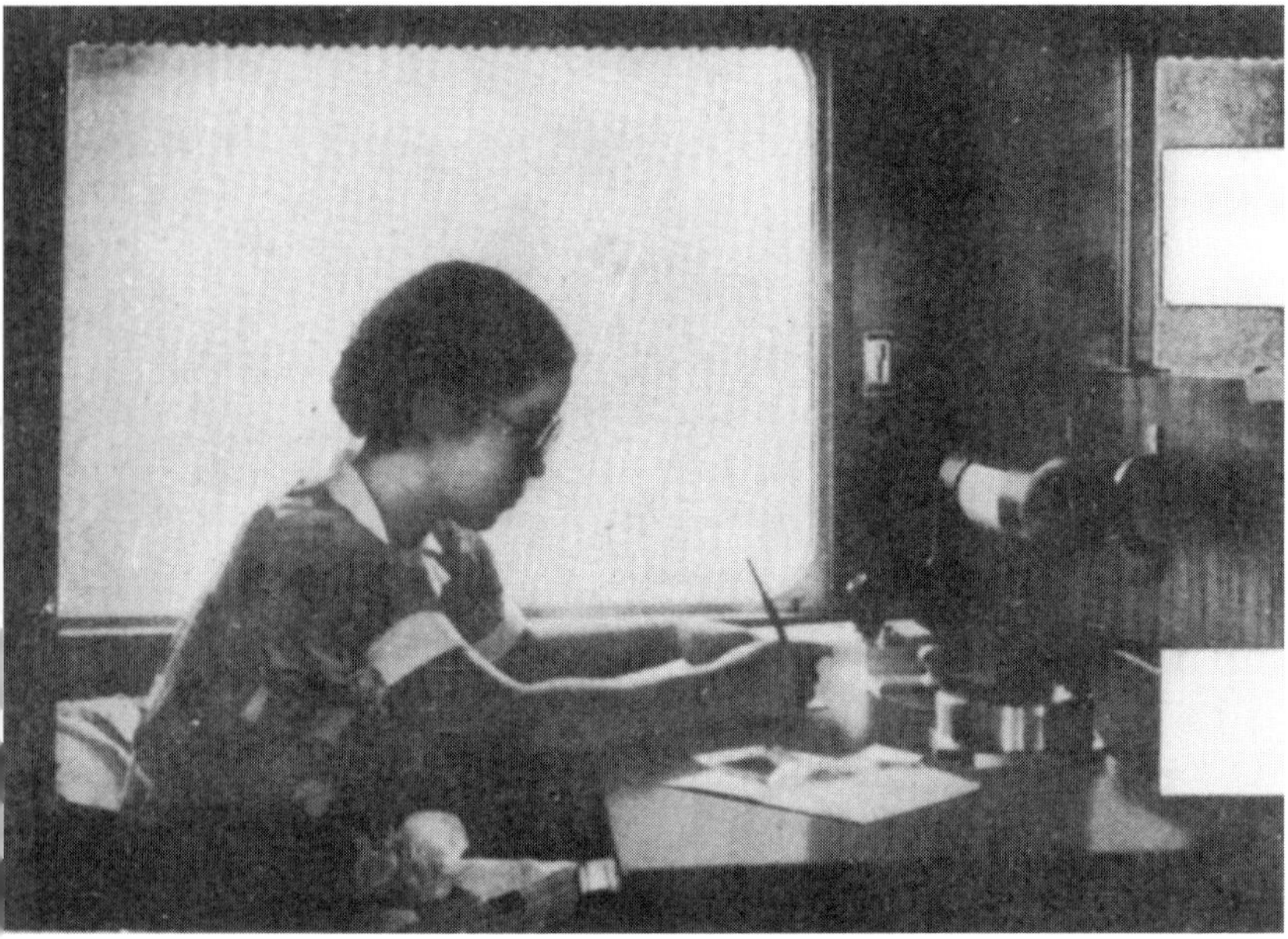

書卓に向ってペンは走る

㈥　**一等客車**

両車端に幅広昇降台がある丸屋根六輪ボギー車で、一方の車端に婦人用便所一個、洗面所一個、他方の車端に男子用便所一個、洗面所一個および車掌室、荷物室および物入れ各一個があった。

中央客室には六十名分の回転イスがあり、二等車同様、座席ボタンを押すと腰掛はどちらの方向にも四十五度まで回転でき、窓外の景色を楽しみながら旅をすることができた。

㈦　**車体の構造**

(1)　**台枠**　台枠は型鋼組立式で、魚腹型中梁と溝型鋼の側梁とがあり、これらを圧搾鋼板および上下当板でできた数個の横梁によってしっかり合成したものである。すなわち枕梁二、主横梁二、端梁二、筋違控四および数個の床梁である。

昇降台の部分は緩衝梁および昇降台側梁を設け、別に型鋼の幌柱を堅固に固定する。

台枠の材料は、圧搾鋼板製横梁を除くほか、すべて軽重量にして十分な強度を保たせるため、高張力特殊鋼を使用し、特殊鋲材および熔接で組み立てたものである。

(2) **床** 床は二重張りで、上板は縦張、下板は斜張、厚さ一五ミリの上下板の間に建築紙二枚を挟んだ。床板は手荷物室および郵便室には塩地材を、その他の客車には米松を用いた。床根太と台枠との間には、便所床を除くほか、すべて亜鉛メッキ鉄板の床張鉄板を張り、その上に厚さ二五ミリの圧搾カポック板一層を敷いた。次に四〇ミリの空気層を置き、前述の厚さ一五ミリの床板二層を敷き、その上には客車の等級に応じて、カーペット、ゴム板またはリノリウムを張った。

(3) **側構** 側柱は圧搾鋼板で、上部長桁と側梁に堅固に鋲づけまたは熔接し、窓下には窓敷居および外帯を用い、上部長桁と外帯には高張力特殊鋼を採用した。
側張板は厚さ一・六ミリ鋼板を用い、窓下は厚さ三・二ミリの鋼板であった。

側壁鋼板の内側に綿ネル一層を貼りつけ、次に厚さ二五ミリの牛毛フェルトを挟み、さらに綿ネル一層を内張りした厚さ一五ミリの内羽目ベニヤ板を用いて、防音、防熱構造とした。

(4) **屋根** 屋根は厚さ一・六ミリ屋根鋼板の内側に綿ネル一層を張り、次に厚さ二五ミリの牛毛フェルトを挟み、五五ミリの空気層をおいて、綿ネル一層を内張りした厚さ五ミリのベニヤ天井板を用いて防音、防熱構造とした。数個の鉄と木の垂木を配置し、縦に二本の母屋桁を用いた。

(5) 窓　窓は二重ガラスで上昇式、二等車以上には磨きガラスを用い、便所、洗面所にはモロッコ・ガラスを使用した。

窓枠はすべて金属製枠で、外側にはすべてウェザー・ストリップを設けて塵埃の入るのを防ぐことにした。

客室には空気調整装置を施したので、窓はいつも密閉し、必要な場合には乗務員が持っている鍵で開くことにした。

二等車以上の窓はカサ歯車式で開閉した。

窓柱にはフェルトを用いて隙間を調整し、かつ風雨の侵入を防いだ。

各窓には巻上げ式の日よけを用い、日よけの外側はアルミニウムの光沢を保っているので、日光によって室温が上昇するのを防ぎ得た。

(6) 客室設備　二等および三等腰掛はプラッシュ張りとし、ピアノ線製フトンバネを用いた。

一等級座席は二重フトンで、シルクベルベット張りとした。

二等以上の腰掛は二人掛け回転式で、列車の進行方向、これと反対の方向、窓側および四十五度方向に位置を変更できるものとした。

客室内には荷物棚、灰受その他必要の設備を施した。

(7) 昇降台の構造　昇降台側戸は上吊式引戸で軽合金製、上部にガラスをはめた。閉じた位置では前後上下および扉押えの個所で確実に支えられ、絶対にはずれない構造である。

昇降台には蝶番つき揚蓋を設け、また手動ブレーキを設けてあった。

車端には内外二重に幌を設け、外側幌の形は車体断面と同型とし、車端連結部の断面の変化によって起こる空気の渦流を防ぐ形とした。

外幌の上部には耐火幌覆を設けた。内外幌とも巻バネによって車体に吊られており、運転中車体とは自由に運動し得る構造とした。

外幌の下部は、車輛の連結、解放および点検などの必要に応じて簡単に取りはずしのできる構造にした。

(8) 台枠下部の覆　運転中の風圧抵抗を減らすため床下の取付品を覆い、全体的に流線形になる構造とした。

台枠下部の覆は細い山型鋼の骨にアルミニウム板を張ったもので、側梁下面に蝶番止めとし、台枠下部装置の点検を考慮して、だいたい二ないし二・五米ごとに区切り、引き上げて外帯から吊るようにした。

(9) 台車　台車は釣合梁のある六輪ボギー台車で、車輪は直径九一五ミリの展鋼製腹板輪心のある外輪付車輪とし、車軸は容量一四・五トンであった。軸箱はSKF二重ローラーベアリングであった。

台車枠と端揺枕は高張力特殊鋼の組立式とし、死荷重を減らすため熔接を用いた。中揺枕は鋳鋼製とした。
バネ類の材料はすべて硅素マンガン鋼を採用した。
台車の振動が車体に伝わるのを防ぐため、主要部にはゴム板を使用した。

⑽ **連結器および緩衝装置** 列車の高速運転に伴い、乗客に不愉快な感じを与えないよう、また高速運転に適合するよう、連結器は柴田式下作用長首型自動連結器を、緩衝装置はエッジウォーター式容量九一トン輪バネ緩衝装置を設備した。

⑾ **制動装置** 列車速度の増大に伴い、強力な制動力を必要とするので、従来の圧搾空気圧力を利用して車両を制御する方法を改良した、アメリカのウエスティングハウス式ＬＮ型双制動輪式を装置した。

⑿ **給水装置** 車両の長距離運用に伴い、乗客へのサービス上、便所、洗面所は車両の両端に設備し、また水不足の起こらないよう、特に容量の大きい円筒型水槽を床下に設け、圧搾空気で揚水し、冬季は凍結を防ぐため蒸気暖房を配管して、いつも温水を旅客に提供できるように設備した。

⒀ **電気装置** 一方の台車の車軸に直結した歯車により発電する八キロワット発電機を装置した。蓄電池は二五枚エキサイド型二四個を複電池式に使用した。
なお列車の電灯の電力は次の通りである。

手荷物郵便車

昇降台	二〇W×二＝四〇W
乗務員室	三〇W×一＝三〇W
	二〇W×一＝二〇W
手荷物室	二〇W×四＝八〇W
郵便区分室	二〇W×四＝八〇W
郵便室	二〇W×二＝四〇W
便所	二〇W×一＝二〇W
計	三一〇W

三等車

昇降台	三〇W×二＝六〇W
廊下	三〇W×二＝六〇W
便所	三〇W×二＝六〇W
洗面所	二〇W×四＝八〇W
客室	六〇W×一一＝六六〇W
計	九二〇W

二等車

昇降台	三〇W×二＝六〇W
廊下	三〇W×二＝六〇W

便所	三〇W×二＝六〇W
洗面所	二〇W×二＝四〇W
車掌および給仕室	三〇W×一＝三〇W
客室	四〇W×三二＝一、二八〇W
	計　一、五三〇W

一等車

昇降台	三〇W×二＝六〇W
廊下	三〇W×三＝九〇W
便所	三〇W×二＝六〇W
洗面所	三〇W×一＝三〇W
	二〇W×二＝四〇W
車掌および給仕室	三〇W×一＝三〇W
荷物室	二〇W×一＝二〇W
客室	四〇W×二八＝一、一二〇W
	計　一、四五〇W

食堂車

廊下	三〇W×四＝一二〇W
料理室	二〇W×六＝一二〇W
配膳室	二〇W×三＝　六〇W

	四〇W×一＝四〇W
待合室	三〇W×四＝一二〇W
食堂（天井）	三〇W×二四＝七二〇W
（ブラケット）	二〇W×二四＝四八〇W
	計　一、六六〇W
展望一等車	
昇降台	三〇W×一＝三〇W
廊下	二〇W×三＝六〇W
便所（男子）	三〇W×一＝三〇W
（婦人）	三〇W×一＝三〇W
洗面所	二〇W×二＝四〇W
車掌および給仕室	三〇W×一＝三〇W
荷物室	二〇W×一＝二〇W
特別室	四〇W×四＝一六〇W
	二〇W×二＝四〇W
客車	四〇W×一六＝六四〇W
読書及び書机室	四〇W×四＝一六〇W
	二〇W×二＝四〇W
展望室（天井）	四〇W×八＝三二〇W

（ブラケット）　　二〇W×一四＝二八〇W

計　一、八八〇W

その後、昭和十（一九三五）年一月二十六日に各車両について照度試験を行い、標準照度に達しない食堂車の通路、一等展望車の洗面所および通路、二等車の通路に対しては、それぞれ照度を増加した。

⒁　空気調整装置　列車の高速化が実施されるにつれて、車内に侵入する煤煙や砂塵は甚しくなり、車外からの騒音はさらに拍車をかけて旅客の疲労を倍加することになる。このために窓を閉めると車内の温度は上昇し、長時間閉めきっておくと炭酸ガスが充満し旅客に不快の感を起こさせるから、常に外の新鮮な空気を入れて室内の空気を清浄にすることが必要である。従来の車両では窓通風器、屋根通風器を設け、風位、風速によって車室内の空気を車外に吸い出す装置を施したが、特別急行列車「あじあ」は、より以上の換気をはかるため、キャリア式客車空気調整装置を設備した。この空気調整装置は、客車窓と車室入口を密閉しても、外気の状態いかんにかかわらず常に客車内の空気を最良の状態に保たせるため、人体に快適な、ある一定の温度および湿度にした空気を車室に心地よい速さで供給循環させるものである。

⑺　「あじあ」の名称とマーク

特別急行列車の名称は、懸賞募集によって、応募三万通の中から慎重審議の上「あじあ」と決定されたが、「あじあ」の語源は、中山久四郎氏の「史学及東洋史の研究」によれば、ASIA（日出の地）の意義を有し、セミチック語のAZU（日出、旭日）に起源している。これに対してヨーロッパは、セミチック語またはヘブリュー語のERED（西方へ、または日没の地、あるいは暗黒の義）と考証されているが、亜細亜がほぼこの種の意義を持っていることは、ほかの数種の文献にも明らかで、「あじあ」はまことに新興満洲国の特別急行列車として幸先よい名称であった。

また展望一等車の最後尾につけた「あじあ」のマークは、以上の意を体して亜細亜の「亜」を図案化し、これに太陽の光芒を配したものである。

流線形特別急行列車「あじあ」

後尾のマーク

上　奉天駅
中　大連駅
下　新京駅

(8)「あじあ」の運行表（昭和10年9月〜11年9月）、特別急行料金表

哈爾浜行11列車 1、2、3等車（食堂車）	大連からの距離	駅名	駅間距離	大連行12列車 1、2、3等車（食堂車）
発 九・〇〇	〇	大連	―	着 二二・三〇
着 一一・五四 発 一一・五九	二三九・五	大石橋	二三九・五	発 一九・三七 着 一九・三二
着 一三・四七 発 一三・五二	三九六・六	奉天	一五七・一	発 一七・四三 着 一七・三八
着 一六・〇二 発 一六・〇七	五八五・九	四平街	一八九・三	発 一五・三〇 着 一五・二五
着 一七・三〇 発 一七・四〇	七〇一・四	新京	一一五・五	発 一四・〇〇 着 一三・五〇
着 二二・三〇	九四三・四	哈爾浜	二四二・〇	発 九・〇〇

粁程＼等級		一等	二等	三等
三百粁まで	大連—大石橋間 奉天— 〃 奉天—四平街間 新京— 〃 新京—哈爾浜間	四円	二円	一円
五百粁まで	大連—奉天間 新京— 〃 新京—大石橋間 四平街— 〃 〃 —哈爾浜	五円	三円	一円五十銭
八百粁まで	大連—新京間 大連—四平街間 奉天—哈爾浜間 大石橋— 〃	六円	四円	二円
八百一粁以上	大連—哈爾浜間	七円五十銭	五円	二円五十銭

(9) 空気調整装置の選定について

私は一九三三年にアメリカへ出張して、満鉄の特別急行列車用客車の空気調整装置にアメリカのどの製造会社のものを採用するかについて、当時アメリカの鉄道で運用されている実態について調査研究した。また、それぞれの製造会社を訪ねて満洲国の気象、満鉄特急列車用客車の構造につき詳細に説明し、製造会社のこの空気調整装置担当の専門技師に、直接詳細にわたって質問した。

当時アメリカでの、この装置の主な製造会社は、プルマン会社、ウエスティングハウス・エレクトリック会社、ジェネラル・エレクトリック会社、キャリア・エンジニアリング会社の四社であった。プルマン、ウエスティングハウス、ジェネラルの三社の方式は、圧縮機で冷媒(フレオン)を圧縮し、空冷式凝結器で冷却液化し、これを蒸発器で膨張気化させて、そのとき空気を冷やす、いわゆる機械式方法であり、キャリアの方式は、冷凍機の蒸発器内に水を入れ、この蒸発器内の空気を蒸気放射器で誘引し、水面の圧力を下げ、水の蒸発を盛んにして水温を下げる、いわゆる蒸気放射式冷凍方法である。

そのとき、私は満鉄の特急列車に採用すべき空気調整装置の冷凍トンを幾らにするかについて算定し、その数字をもって右の四社に直接交渉した。

その算定は次のようなものであった。以下の英文は四社に渡した計算書である（英式単位であるので、メートル法単位を後に補った）。

Y. Ichihara.
New York, Dec. 27 th. 1933.
Heat Transmission Formula

The heat H in BTU transmitted per hour from air inside to air outside may be computed as follows:

$$H = U\ (t - t_o)\ Q$$

Where: U is the transmission coefficient for any particular wall, window, floor or ceiling.

t = temperature, inside.

t_o = temperature, outside.

Q = the sq. ft. of the wall, window, floor, or ceiling.

The coefficient U may be computed, for any wall, providing the values for fi, fo and k are known, by the following:

$$U = \frac{1}{\frac{1}{fi} + \frac{1}{fo} + \frac{x}{k}}$$

Where X = the thickness of the wall.

The foregoing is for a wall made up of a single building material. When the wall is composed of several different materials the thermal conductivities of which are k1, k2, k3, etc., the transmission coefficient is given by:

$$U = \frac{1}{\frac{1}{f_i} + \frac{1}{f_o} + \frac{X_1}{k_1} + \frac{X_2}{k_2} + \frac{X_3}{k_3} + \text{etc.}}$$

Where X1, X2, X3, etc., are the thickness of the different materials.

The value of fi generally used is an average for several materials and is 1.34 for still air (no wind). For fo values have been obtained by test for various materials and wind velocities and are the results of these tests show that for general purposes of computation the factor fo = 3fi or 3 × 1.34 = 4.02

(1) Heat Loss through Side Sheathing.

A.

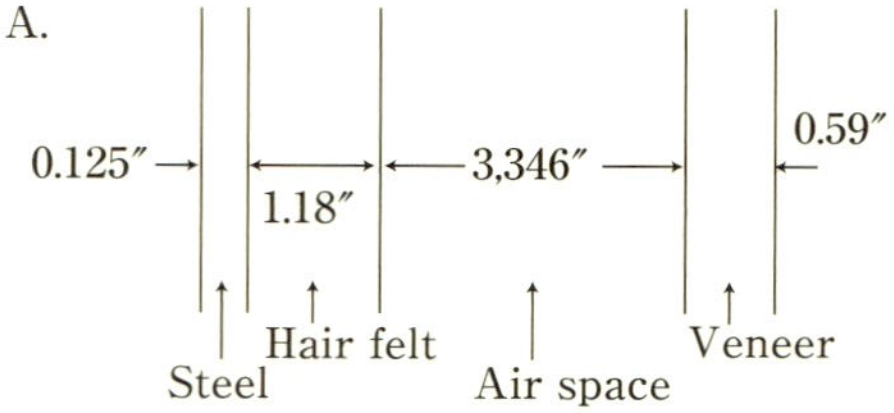

$$U = \frac{1}{\frac{1}{1.34} + \frac{1}{4.02} + \frac{.125}{11.6} + \frac{1.18}{0.26} + 1 + \frac{.59}{1.00}}$$

= 0.140BTU/ft²/hr/°F（0.682Kcal/m²h°C）

Total area of side sheathing under the windows = 419 sq. ft.

∴ Heat transfer H = 0.140 × 419 = 59BTU/hr/°F（26.7Kcal/m²h°C）

B.

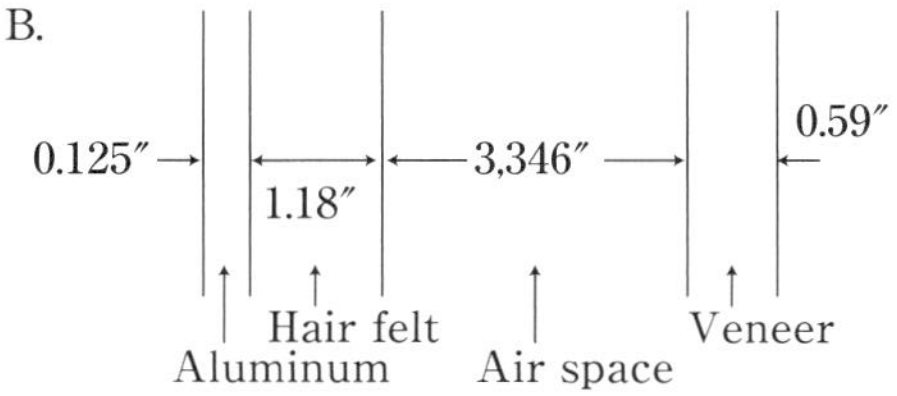

$$U = \frac{1}{\frac{1}{1.34} + \frac{1}{4.02} + \frac{.125}{31.3} + \frac{1.18}{0.26} + 1 + \frac{.59}{1.00}} = 0.140\text{BTU/ft}^2\text{/hr/°F}\ (0.682\text{Kcal/m}^2\text{h°C})$$

Total area of side sheathing（upper part）= 240sq. ft

∴ Heat transfer H = 0.140 × 240 = 33.6BTU/hr/°F（15.2Kcal/h°C）

∴ A + B = 59 + 33.6 = 92.6BTU/hr/°F（41.9Kcal/h°C）

（2）Heat Loss through Roof

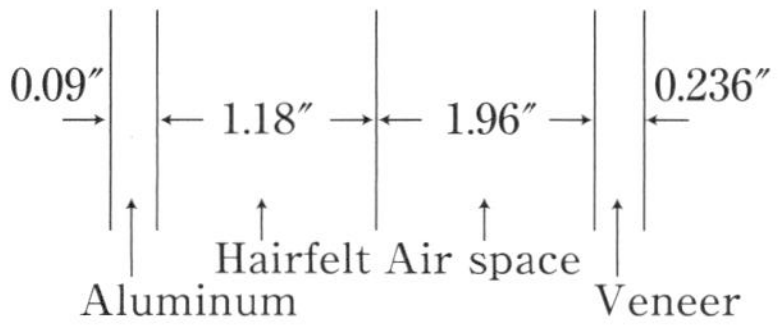

$$U = \frac{1}{.995 + \frac{.09}{31.3} + + \frac{1.18}{0.26} + 1 + \frac{.236}{1.00}} = 0.147 \text{BTU/ft}^2\text{/hr/}^\circ\text{F} \quad (0.72 \text{Kcal/m}^2\text{h}^\circ\text{C})$$

Total area of roof = 765 sq. ft. ($71.0m^2$)

∴ Heat transfer H = 0.147 × 765 = 112.5BTU/hr/° F (51.0Kcal/h°C)

(3) Heat Loss through double window.

Heat transfer at double window glass.

U = 0.45 BTU/ft^2/hr/°F (2.2Kcal/m^2h°C)

Total area of window = 242 sq. ft. ($22.5m^2$)

∴ Heat transfer H = 0.45 × 242 = 109BTU/hr/°F (49.3Kcal/h°C)

(4) Heat Loss through Floor.

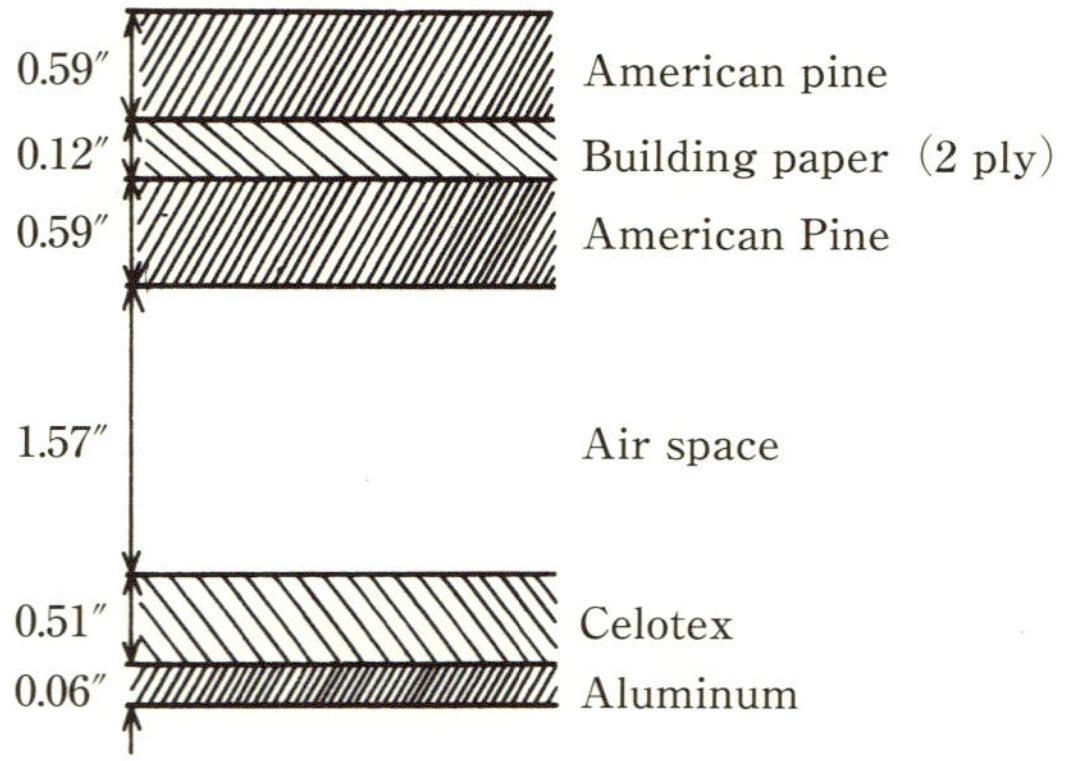

$$U = \frac{1}{.995 + \frac{.59}{1.00} + \frac{.12}{.5} + \frac{.59}{1.00} + 1 + \frac{.51}{.33} + \frac{.06}{31.3}} = 0.258\mathrm{BTU/ft^2/hr/^\circ F}$$

（1.26Kcal/m²hC）

Total area of floor = 659 sq. ft.（61.2m²）

∴ Heat transfer H = 0.258 × 659 = 170BTU/hr/°F（77.1Kcal/h°C）

（5）Heat Loss through End Sheathing.

U = 0.140BTU/ft²/hr/°F（0.682Kcal/m²h°C）

Total area of End Sheathing = 110 sq. ft.（10.2m²）

∴ Heat transfer H = 0.140 × 110 = 15.4BTU/hr/° F（7.0Kcal/h°C）

（6）Heat Loss through Entrance of the End.

assuming

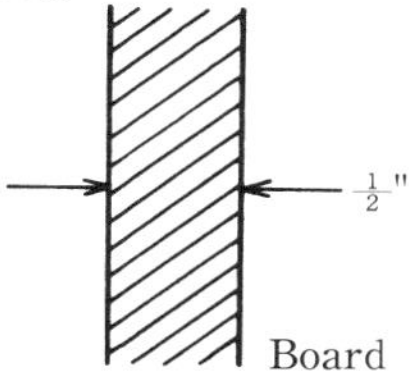

$$U = \frac{1}{\frac{1}{1.34} + \frac{1}{4.02} + \frac{.5}{1.00}} = 0.669\ \mathrm{BTU/ft^2/hr/^\circ F}$$

（3.27Kcal/m²h°C）

Total area of Entrance of the End = 28 sq. ft.（2.6m²）

∴ Heat transfer H = 0.669 × 28 = 18.7 BTU/hr/°F（8.5Kcal/h°C）

（7） Total Heat Loss through 1, 2, 3, 4, 5 and 6.

92.6 ＋ 112.5 ＋ 109 ＋ 170 ＋ 15.4 ＋ 18.7 ＝ 518 BTU/hr/°F（234.9Kcal/h°C）

Take allowance 20％

518 × 1.2 ＝ 621.6 ≒ 622 BTU/hr/°F（281.9Kcal/h°C）

以下は口頭で説明したものである。

いま外気温度を九五度F（三五度C）、湿度七〇％を最大負荷とすれば、この際に温度を七八・八度F（二六度C）、湿度五〇％に保つ場合、

（A） 室内温度を上昇させようとする熱量の算定

一 客車の周囲から伝導によって侵入する熱量

622 BTU/hr/°F（281.9Kcal/h°C）

外側は太陽の輻射熱によって温度上昇をきたすから、その平均温度を一〇四度F（四〇度C）と仮定すれば、

622 ×（104 − 78.8）＝ 15,675BTU/hr（3,935Kcal/h）

なお、窓から輻射によって侵入する余分の熱量を窓面積の⅓くらいから通るとすれば、約750BTU/hr（189Kcal/h）となる。

それゆえ

15,675 ＋ 750 ＝ 16,425 BTU/hr（4,124Kcal/h）

（ウエスティングハウスの輻射熱の算定法によれば、外気温度が九五度Fならば、これに輻射熱を二五度F加えて一二〇度Fとなる。すなわち622×（120－85）＝21,770BTU/hr（5,486Kcal/h）となる）。

二　乗客の発散する熱量

American Society of Heating and Ventilating Engineer's Guide 1933によれば、七八・八度Fにおいては

225 BTU/hr（56.7Kcal/h）（一人平均）

三等車満員の場合八十八名であるから

225×88＝19,800 BTU/hr（4,989.6Kcal/h）

三　送風機の電動機の機械的仕事に相当する熱量

Electric motor per horse power 3,000 BTU/hr（756Kcal/h）

それゆえ½馬力電動機を使用すれば

1,500 BTU/hr（378Kcal/h）

以上一、二、三を合計すれば

37,725 BTU/hr（9,507Kcal/h）

五％余裕をみて

39,611 BTU/hr（9,982Kcal/h）

約　40,000 BTU/hr（10,000Kcal/h）

上記の熱量以外に、普通の場合は、窓、扉の隙間風による侵入熱量を考えに入れるべきであるが、

この装置では室内は常に外気よりわずかばかり圧力を高めるから、扉を開けば空気はむしろ室外に流れ出る傾向があるので、これを算入しない。

空気清浄機（冷却器）出口の空気は五九度F（一五度C）、湿度一〇〇％（全熱量二六BTU／lb＝一四・四Kcal／kg）になるものとすれば、この空気が室内に入って、乗客の身体から発散する熱量その他の熱のために暖められて、七八・八度F（二六度C）に上昇するものであるから

$$\frac{40{,}000}{(78.8-59)\times 0.237} \fallingdotseq 8{,}510\text{lb/hr}\ (3{,}830\text{kg/h})$$

（0.237は空気の比熱）

乾球温度五九度F（一五度C）、湿度一〇〇％、空気の容積は

$$13.3\text{ft}^3/\text{lb} = 0.83\text{m}^3/\text{kg}$$

ゆえに所要空気の容積は

$$8{,}510 \times 13.3 = 113{,}183\text{ft}^3/\text{hr}\ (3{,}210\text{m}^3/\text{h})$$

乗客一人当り

$$\frac{113{,}183}{88} = 1{,}286\text{ft}^3/\text{hr}\ (36.5\text{m}^3/\text{h})$$

また客車の当積（三等車）は約五、〇〇〇立方フィート（一四二立方メートル）であるから、一時間に

$113{,}183 \div 5{,}000 = 22.63$ 回だけ空気を交換すればよい。

客室内各所の温度の不同を避けるとともに最も経済的に運転するには、空気を再循環させる必要がある。衛生上から炭酸ガスの量を〇・一二％に制限するには、大人一人一時間当り七〇七立方フィート（二〇立方メートル）以上の新鮮な空気を供給しなければならないが、温度、湿度を調整した室では一

人当り三八九立方フィート（一一立方メートル）でよい。この場合では、供給空気の約三〇％だけ新鮮な空気を供給すれば、満員の場合でも炭酸ガス含有量を〇・一七％以内に制限できる。このくらいならば、快感上はもちろん、衛生上も差支えない。

(B) 前記空気量の七〇％を循環し、換気のため三〇％の新鮮な外気を取り入れるものとすれば、冷水（または冷却コイル）によって取り去るべき熱量は、

一 循環空気を五九度F（一五度C）まで冷却するために取り去るべき熱量

五九度F（一五度C）、関係湿度一〇〇％の空気が室内に入り、七八・八度F（二六度C）まで温度上昇すれば、湿度は五〇％となる。

五九度F、湿度一〇〇％の全熱量は

26.3BTU/lb（14.4Kcal/kg）

七八・八度F（二六度C）、湿度五〇％のとき（湿球温度一八・九度F）の全熱量は

30.5 BTU/lb（16.7Kcal/kg）

ゆえに取り去るべき熱量は

（30.5 − 26.3）× 8510 × 0.7 ≒ 25,500 BTU/hr（6,420 Kcal/h）

二 新鮮な空気は乾球温度九五度F（三五度C）、湿度七〇％であるから、湿球温度は八六度F（三〇度C）

全熱量は

49 BTU/lb（27Kcal/kg）

ゆえに新鮮空気を冷却するために取り去るべき熱量は
（49 − 26.3）× 8510 × 0.3 ＝ 57,950BTU/hr（14600Kcal/h）
三　乗客の身体から発散する水分を取り去るべき熱量
119BTU（30Kcal）× 88 ＝ 10,472BTU/hr（2640Kcal/h）

以上一、二、三の合計
25,500 ＋ 57,950 ＋ 10,472 ＝ 93,922BTU/hr（23,700Kcal/h）
五％の余裕を見て
93,922 × 1.05 ＝ 98,618BTU/hr　98,618 ÷ 12,000 ＝ 8　冷凍トン

いま一つの算定法によると、
Heat Loss 518BTU/hr/ °F（234.9Kcal/h°C）
一〇％余裕をみて、570BTU/hr/ °F（259.0Kcal/h°C）
(a)
一、客車の周囲から伝導により侵入する熱量
570 ×（104 − 78.8）＝ 14,364BTU/hr（3620Kcal/h）
窓から輻射により侵入する熱量
750BTU/hr（189Kcal/h）
計　15,114BTU/hr（3809Kcal/h）

二、乗客の発散する熱量

19,800BTU/hr（5000Kcal/h）

三、送風機の電動機からの熱量

1,500BTU/hr（378Kcal/h）

以上一、二、三を合計して

15,114 + 19,800 + 1,500 = 36,414BTU/hr（9187Kcal/h）

余裕を三%みて

36,414 × 1.03 = 37,500BTU/hr（9450Kcal/h）

$\frac{37{,}500}{(78.8 - 59) \times 0.237}$ = 7,911lbs/hr（3590kg/h）

7,911 × 13.3 = 105,216ft^3/hr（2980m^{3}h）

105,216 ÷ 88 = 1,200ft^3/hr（34m^{3}h）　105,216 ÷ 5000 = 21回

(b)

一、（30.5 − 26.3）× 7,911 × 0.7 = 23,700BTU/hr（5970Kcal/h）

二、（49 − 26.3）× 7,911 × 0.3 = 53,800BTU/hr（13550Kcal/h）

三、　10,472BTU/hr（2640Kcal/h）

計　87,972BTU/hr（22160Kcal/h）

余裕を三%みて

90,600 ÷ 12,000 = 7.5tons refregirating

(冷凍トンはアメリカにおける単位であって、毎分二〇〇BTUの熱量を奪うだけの容量を冷凍一トンとする)

前述のように、私は上記の算定方式およびその冷凍トン数をもって、プルマン、ウエスティングハウス、ジェネラルおよびキャリアの四社と折衝した結果、プルマンは、この装置を車両に取りつける際には、現車を自社の工場へ入場させて施工するのが慣例であるという理由によって見積を辞退し、残りの三社は私の説明を了解して、大連の満鉄本社での競争入札に応ずるという回答を得た。

ウエスティングハウス、ジェネラルおよびキャリア三社のうち、いずれの装置を採用するかについては、その後、私と満鉄本社との間の数回にわたる電報の往復によって、一九三四年二月二十四日、私はベルリン滞在中に、キャリアを採用することに決定したという満鉄本社からの電報を受けとった。

当時、アメリカの鉄道の客車に応用されていた空気調整装置は、氷冷式(水と氷を用いる方法)、機械式(圧縮機を用いる方法)および蒸気放射式(蒸気放射式冷凍機を用いる方法)の三種であったが、満鉄では氷冷式は採用せず、機械式と蒸気放射式の二種を採用の対象とした。

参考資料

アメリカ鉄道の車両における空気調整装置の発達

その当時アメリカの鉄道において、空気調整装置を車両に取りつけたものは約二五〇両で、そのうち九二両は氷冷式のものであった。アメリカの鉄道車両の空気調整装置の発達経過の大略を次に示すが、一九二九年にバルチモア・エンド・オハイオ鉄道がキャリア・エンジニアリング会社と共同して

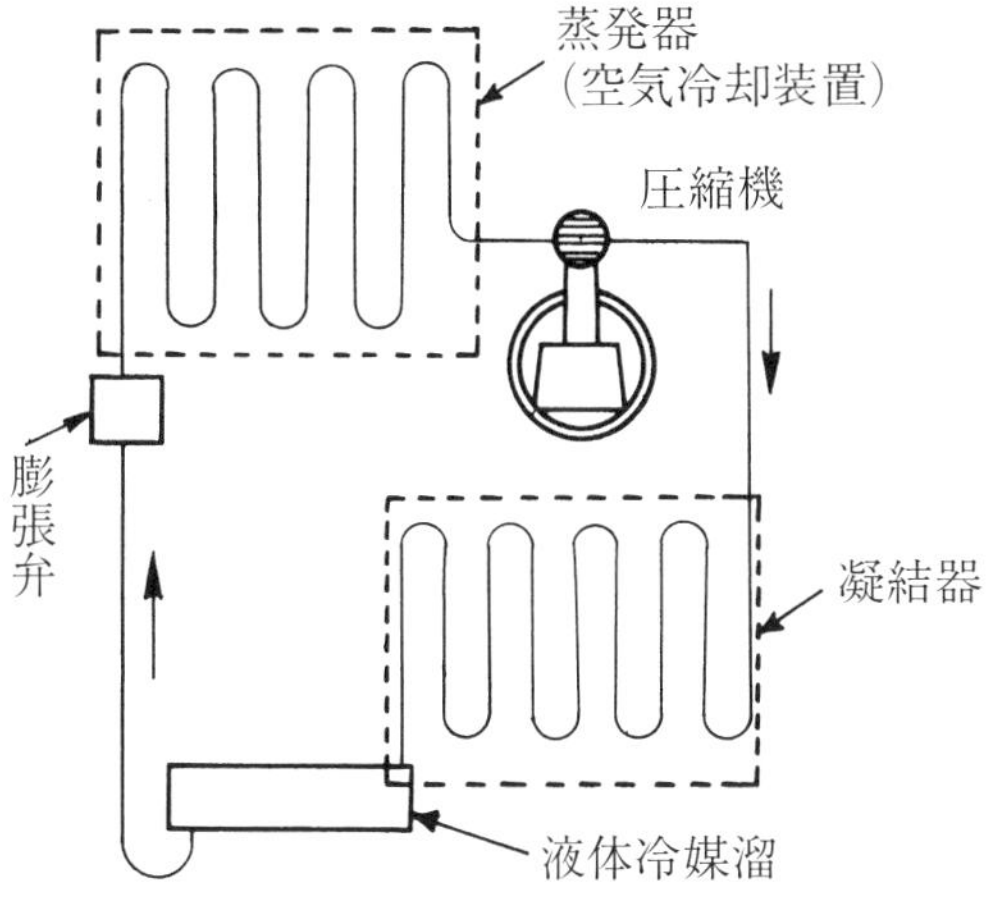

機械式空気調整装置

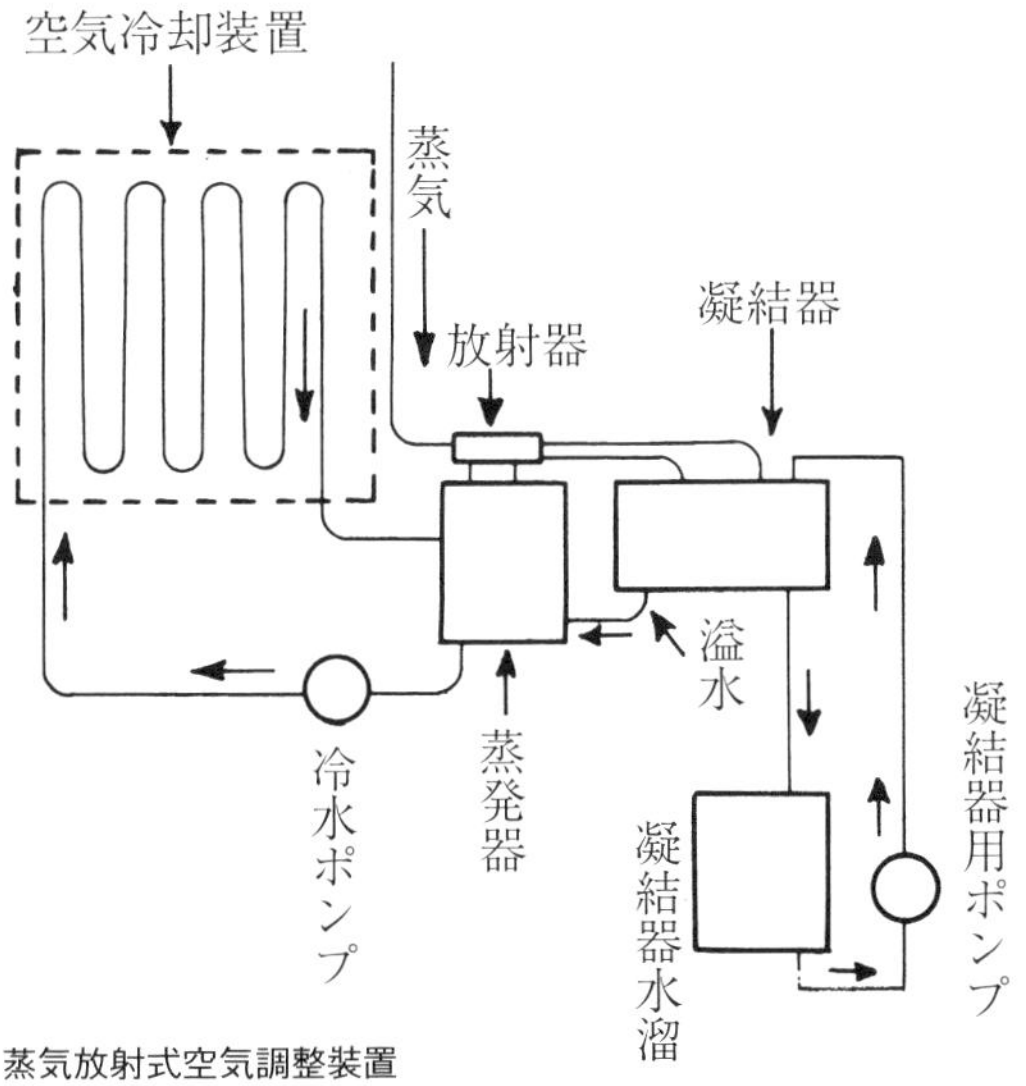

蒸気放射式空気調整装置

設計した空気調整装置を、七四トン鋼製客車（第五二七五号）に取りつけて運転した。これが真の意味の空気調整装置を持った最初の車両である。そのころ、ドイツ、フランスにおける鉄道車両には真の意味の空気調整装置を取りつけたものは皆無で、ただ水冷式のものはあった。

年 月	鉄 道	列 車	両 数	製造会社	型 式	備考
1924	Atchison, Topeka & Santa Fe					実験
1929/6	Baltimore & Ohio		客車 1両	Carrier		実験
1930/4	Baltimore & Ohio	Martha Washington	食 堂 車	York	アンモニア圧縮機	運転
1930/ 夏	Atchison, Topeka & Santa Fe	Chief	食堂車12両	Pullman 及 Carrier	アンモニア圧縮機 蒸気エジェクター	運転
1930/ 夏	Chicago & North Western		客車 1両	Melcher	メチールクロライド圧縮機	実験
1930/ 夏	Missouri-Kansas-Texas	Texas Special Blue Bonnet	食堂車3両	Carrier	圧縮機	運転
1931	Baltimore & Ohio	New York-Washington Columbian New York-Cincinati St. Louis Express	客車 36両		圧縮機（3種）	運転
1931	Chicago & North Western	Chicago-Milwaukee	食堂車1両	Melcher	メチールクロライド圧縮機	運転
1932	Baltimore & Ohio				ダイクロロダイフリュオロメタン圧縮機	運転

1932/夏	Chicago & Rock Island & Pacific	Golden State Ltd. Express	食堂車4両	American Car & Foundry	サーモ・グラビチー（氷冷式）	運転
1932/夏	New York, New Haven & Hartford	Yankee Chipper Express	食堂車2両	Rails Co.	氷冷却	運転
1932/夏	Union Pacific	San Francisco Overland Ltd. Los Angels Ltd. Express	18　両	Pullman（15） Carrier （3）	フレオン圧縮機 蒸気エジェクター	運転
1932/夏	Southern Pacific	Sun Set Ltd.	食堂車14両	Pullmann	フレオン圧縮機	運転
1932	Illinois Central	Daylight special	10　両	Westingh-ouse	ダイクロロダイフリュオロメタン圧縮機	運転
1932/夏	Chesapeake & Ohio	George Washington		Pullman	ダイクロロダイフリュオロメタン圧縮機	運転

（1932年末現在）

⑽　空気調整法

文明の進歩はわれわれの衣食住に著しい変遷をもたらし、なかんずく住の問題については、太古における穴居生活から現代の洋風建築までの間に大きな変化を見せている。食物が生命の維持に必要なのと同様に、寒暑の程度が限度を超え環境気象条件が悪化すれば、健康が損われ、ひいては生命さえ脅かされる。ここに住の問題の根本的重要性がある。

そして人間が大気中に生活を続けている限り、大気の影響を蒙ることは当然であって、暑さ寒さに耐えられなくなり、これを防ぐ種々の考案をし装置を発明することも自然の成り行きである。

これをもって剛健の気を失うという者は、文化に逆行し、われわれの日常生活を原始生活にまで戻そうというに等しい。冬が来れば寒く、夏が来れば暑くて堪らないということは、人間生活の大きな苦しみであり現実である。

いま、一年の気候について考えるに、梅雨期が過ぎて支那大陸方面に低気圧が生じるころ、日本内地は摂氏三〇度を越す酷暑に見舞われ、蒙古砂漠に接する満洲、特に北満洲地方の日中は凌ぎ難い暑気でおおわれるようになる。そして九月になって一息つく暇もなく、気温は急激に降下して、九月末早くも北満では薄氷を見る所さえある。酷暑の夏から一転すれば冬の長い満洲、特に一月の寒さに至っては、アラスカ、カムチャッカなどの厳寒期に匹敵するほどである。

満洲生活に暖房が必要であると同様に、夏を涼しく過ごし得る装置があれば、これが満洲文化の発展に大きな役割を持つだろうということは想像に難くない。それで、暖房、冷房について学ぶには、その目的である寒暑に対する人体の感覚および調節作用を知らなければならない。

人間が常に一定の体温(摂氏三六・七度前後)を保っているということ、すなわち、外界の気温が変化しても、あるいは運動によって熱の発生量が増しても、常に一定の体温を保ち得るということは、主として脳における体温調節中枢、いわゆる温熱中枢の作用によるものといわれている。

この温熱中枢を流れる血液の温度に反応して体温は調節されるのであって、もし外界の温度が非常に低くなり、身体が冷える場合に、多少とも冷たい血液が温熱中枢へ行けば、温熱中枢が命令を出して、体内の熱の発生を盛んにすると同時に、一方では熱を身体から外へ奪われないように調節するのである。これと反対に、熱い血液が温熱中枢に行けば、今度は逆に体内の熱の発生を少なくし、体外へ熱を多量に出すように調節する。すなわち温熱中枢によって、熱の発生と放散が、必要に応じ、われわれの意識しない間にうまく加減し調節されるのである。

体内で熱を発生したり、また、これを外に放散したりすることは、どういうふうにして行われているかというと、まず身体で熱を発生する主な場所は筋肉であって、体内で発生する熱の約三分の二は筋肉で造られ、残りの三分の一が内臓で造られる。寒い時に身体が自然にがたがた震えたり、皮膚が鳥肌になったりするのは、筋肉の運動を起こし、その緊張度を増して、熱の発生を盛んにしようとする努力の現れである。

次に、身体から外へ放散する熱量は、大人で平均一時間当り八〇ないし一〇〇キロカロリーくらいであるが、これは主に身体の表面すなわち皮膚で行われるのであって、汗の蒸発によって熱を放散するほかに、直接伝導によって空気や着物に熱を伝え、これが対流によって持ち去られ、あるいは輻射によって皮膚から直接空気中に放散される。その他、呼吸や排泄物によっても放散される。

こうして熱が伝わる場合に、気温が割に低いときには、身体の表面とそれに触れている外気との温度差が大きくなるから、皮膚からの輻射および対流による放熱量が多くなり、反対に気温が割に高いときには、汗の蒸発によって皮膚から放熱される量が多くなる。こうして、身体から熱の放散される割合は、冬でも夏でも一定の釣り合いを保っている。

そこで、われわれが、夏涼しく、あるいは冬暖かく、気持がよいと意識するときの状態を調べてみると、そのときは気温と湿度と風速とがちょうど適度になって皮膚に快い感じを与えてくれることがわかる。

空気中に湿気が多いと、寒いときには伝導によって身体から熱を多くとるから、同じ気温であっても非常に寒く感ずる。反対に湿気が少なければ、温度は低くてもそれほど寒くは感じない。これはわれわれの経験するところで、寒暖計の示す温度だけでは身体に感ずる寒さは表せないのである。

ところが反対に、夏暑いとき、湿気が多ければ伝導によって奪われる熱量が増して涼しく感ぜられるかといえば、実際には湿気の多いほうがずっと蒸し暑くなる。これは、湿気によって皮膚から外へ熱が伝えられるというよりも、より重要な熱放散の途すなわち汗の蒸発が妨げられるからである。

発汗してその汗が蒸発するときには、非常に多量の熱を必要とする。この熱を気化熱という。すなわち、汗が蒸発するときには身体から気化熱が奪われるのである。この汗の蒸発は、空気中に湿気が多いときには少なく、乾燥しているときには多い。故に、暑いときに湿気が多いと汗の蒸発が妨げられ、それだけ身体から気化熱を奪うことが少なくなって、非常に暑く感ずるのである。

このように、たとえ気温が適当であっても、湿気の多い日は皮膚からの蒸発が妨げられるので蒸し暑く感ずるし、反対に空気が乾燥し過ぎているときには、皮膚や咽喉からの蒸発作用が激しくなり、口中が乾き、咽喉、鼻をいため、健康を損う。また湿気の多い空気は、黴菌、バクテリアの発生を促すし、乾燥した空気中では塵埃の発生が多いなど、湿度の多少は間接的にもわれわれの健康快感に及ぼすことが多い。

また、風速すなわち空気の流動も、温度、湿度と関連してわれわれの快感を左右するものであるから、風速が快感健康に及ぼす影響もまた考慮しなければならぬ。

たとえば、気温が高く湿気の多い蒸し暑い日でも、風さえ吹いてくれれば、さほど苦しくはない。また劇場などの人いきれで不快なときでも、扇風機が回り出せば直ちに涼味を覚える。これは皮膚の表面に触れている暖かい空気が速く吹き払われるから、風のある日は実際の温度よりも涼しく、あるいは寒く感ぜられるのである。しかし、この空気の流動も、あまり速くてはかえって不快を感ずるもので、適当な気温、湿度においては、一分間四メートルから八メートルくらいの間の風がちょうど肌ざわりがよいといわれている。

空気中に塵埃がなく、微生物、臭気その他有害なガスがないこと、化学的条件がよいということも、もちろん必要であるが、空気の温度、湿度、流動の速さが適度に保たれているということ、すなわち理学的条件のよいということは、われわれの健康快感上大切な条件である。

これらの関係が実験的にも理論的にも次第に明らかにされて、アメリカでは、人体に快感を与える空気の温度、湿度、流速の関係を線図上に表し、これを快感帯といっている。

⑾ キャリア式の客車空気調整装置

㈠ 蒸気放射式冷凍機の原理

蒸気放射式冷凍機は、水面の圧力が下がれば水は低温で沸騰するという、水の物理的性質を応用したものである。

いま、開放した器に水を入れて加熱すれば一〇〇度C以上には昇らないが、続けて加熱すれば蒸気が発生する。このとき余分に加えた熱量は水を蒸気に変えるために費される。言いかえれば、水が蒸気になるときには、周囲の物体あるいは水自身から熱を奪うのである。この状態を変えるに必要な熱量は、たいていの場合、温度上昇に要する熱量より大である。

われわれは水の沸騰点といえば直ちに一〇〇度Cと考えるが、これは単に標準気圧すなわち絶対圧力一・〇三三kg／cm²、ゲージ圧力〇の場合のみの現象である。器を密閉した場合は一〇〇度Cに達しても蒸気は発生しない。絶対圧力二kg／cm²では一一九・六度Cで、七kg／cm²では一六四・二度Cで初めて蒸気が発生する。反対に、水面の圧力が下がった場合には、水は一〇〇度Cより低い温度で沸騰を起こす。

　いま、容器に水を入れ、この器を真空ポンプにつなぎ、絶対圧力を〇・〇六kg／cm²まで下げて加熱すると、一〇〇度Cに達しないうちに、この場合は三六度Cくらいですでに沸騰を起こす。なお、この圧力を〇・〇一二kg／cm²くらいに下げると、沸騰点は約一〇度Cに保たれる。この温度は冷房期間の大気温度以下である。初めこの容器の中の水温が二〇度Cとする。このとき水面の圧力を〇・〇一二kg／cm²くらいに下げると、水面はさかんに蒸発を始め、同時に水自身から熱を奪って、外部から熱が加えられなければ水温は一〇度Cまで降下する。容器の熱絶縁が完全であれば、水を蒸発気に変えるための熱がないので、水温が一〇度Cまで下がればこの沸騰はやむわけである。しかし、この水にたとえば一三度Cの水を導き、真空ポンプを運転し続けると、再び加えられた熱のために沸騰が始まって、一〇度Cに水温が下がるまでこれが続く。

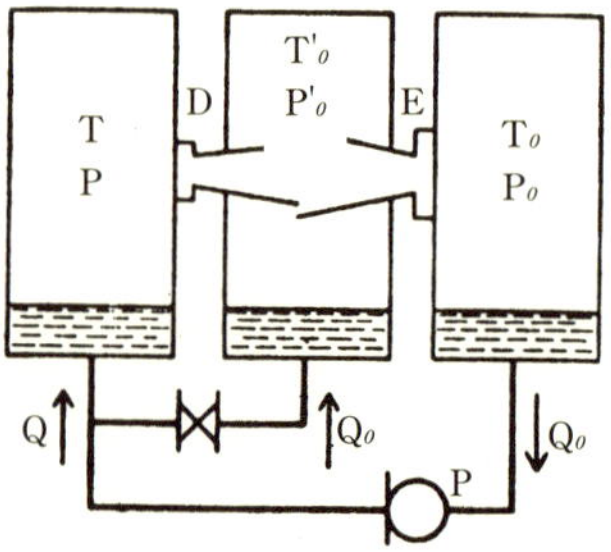

　すなわち、容器中の水面が真空になれば水が盛んに蒸発を始め、容器が熱絶縁されていれば蒸発の際の潜熱(気化熱)を水自身から奪って水温が降下する。すなわち、一部の水の蒸発で残りの水が冷えるという原理を応用したのが、蒸気放射式冷凍機である。

　蒸気放射式冷凍機では、蒸発器がこの容器に相当し、蒸気放射器がこの真空ポンプに相当する作用をする。

いま気缶でQという熱を供給されて、高温高圧T、Pになった蒸気が、放射器で膨張し、蒸発器上部に噴入されて温度圧力T'^0、P'^0に低下する。さらにこの蒸気の噴流は、運動のエネルギーにより、蒸発器内圧力P'^0で蒸発した蒸発気を合わせて噴入し、圧力P^0に、温度T^0に上昇する。

熱絶縁された蒸発器内の水は、圧力P'^0で、それに対する温度T'^0のもとにおいて、潜熱を水自身から奪って水温はT'^0に降下する。凝結器で冷却された凝結した水は、一部は蒸発器にもどり、他は気缶に返すか凝結器の冷却水として用いられる（客車の場合は後者である）。

Q＝気缶で単位時間に供給される熱量
Q^0＝凝結器で単位時間に冷却される熱量
Q'^0＝蒸発器で吸収する熱量

とすれば

$$Q^0 = Q + Q'^0$$

となるべきである。

また全エントロピーの変化は、装置外部の過程がすべて可逆的で熱授受も等温で行われると考えると、

$$\frac{Q^0}{T^0} - \frac{Q'^0}{T'^0} - \frac{Q}{T} \geqq 0$$

冷凍熱量Q'^0と供給熱量Qとの比（低位温度において抽出された熱量と、その抽出に使用された仕事量の比）すなわち成績係数は、一般熱機関の効率に比較すべきもので、これは前の式から導いて次の式で表さ

れる。

$$\frac{Q'^{0}}{Q} \leqq \frac{T - T^{0}}{T^{0} - T'^{0}} + \frac{T'^{0}}{T}$$

右の式でT^{0}の値の小さいほど、またT'^{0}の値が大きいほど、Q'^{0}／Qすなわち成績係数が大になる。言いかえれば、蒸発器の温度が可及的に高く、凝結器の温度が可及的に低い場合が効率がよい。この事実から、温度の範囲はできるだけ小さく保つべきである。

供給熱量Qのうち、放射器で機械的エネルギーすなわち熱力学的に運動のエネルギーに換えられる部分は、蒸発器で発生した蒸発気を運び去って、しかも高圧P^{0}に圧縮するために用いられるので、実際にはこの過程は著しく不完全となる上、さらに放射器中の凝結もあり、運転上の損失、不便を伴い、実際の動作係数はこれより低くなる。

実際に運転中の装置の各部の温度および圧力は、

T＝蒸気温度　約四二一度K（約一四八度C）
P＝蒸気圧力　三・五kg／cm²ゲージ
T'^{0}＝蒸発器温度　二八〇―二八五度K（七―一二度C）
P'^{0}＝蒸発器圧力　〇・〇一―〇・〇一四kg／cm²（絶対圧力）
T^{0}＝凝結器温度　約三一一度K（三八度C）
P^{0}＝凝結器圧力　約〇・〇七kg／cm²（絶対圧力）

(二)　**冷房装置の作用ならびに暖房装置**

(ア)　空気調和サイクル

屋根または昇降台天井に設けられた外気取入口の塵コシを通って清浄にされた外気は、車内廊下および洗面所の天井還気口の塵コシで除塵された室内からの還気とともに、空気調和器内に吸いこまれる。そして空気調和器内の空気冷却管の隙間を通る間に管の表面に触れて冷却され、空気中に含まれた水分の一部は凝結して車外に排出され、したがって絶対湿度は降下して送風機吸込口に入る。

送風機はこの冷却気を風道によって車室内に等分に送る。七・五冷凍トン装置では、一時間に三、九〇〇立方メートルの割で室内に送気される。

車内空気の分布を一様にするためと、冷凍容量を少なくすますために、送気量の約七五％は再循環させる。

したがって新鮮な外気は、一時間に九七五立方メートルだけ供給されるわけである。

温度、湿度、風速などが適当な室では、特別の事情がない限り、人の呼吸による炭酸ガスの増加はあまり重要視しなくてもよいが、以上の送気量について予想すると、

$$V = \frac{M}{X - Q}$$

ここで、

C＝換気量（m^3／h）

M＝（一人一時間呼気中のCO_2容量m^3）×（人数）（一万分の一単位で）

X＝室内空気中のCO_2含有量（一万分の一単位で）

Q＝外気中のCO_2含有量（一万分の一単位で通常四とする）

あるいは

$$X = \frac{M}{V} + Q$$

$V = 975$

$M = 150 \times 88$（定員八十八名とすれば）

$Q = 4$

ゆえに

$$X = \frac{150 \times 88}{975} + 4 = 17.5$$

すなわち、満員の場合でも室内の炭酸ガスの含有量は〇・一八％以下である。

このようにして調和された空気によって、外気三五度C、湿度七〇％という酷暑時にも、室内を温度二六度C、湿度五〇％に保つことができる。

(イ)　冷水サイクル

客車の車端、廊下、天井裏にある空気調和器中の冷却管を通り、空気を冷却し、同時に空気の熱であたたまった水は、床下の蒸発器に戻って噴霧となる。蒸発器の中は蒸気放射器の作用によって、水銀柱〇・七五センチ（約〇・〇一kg／cm^2絶対圧力）ないし一・〇センチ（約〇・〇一四kg／cm^2絶対圧力）くらいの低圧になっているから、この噴霧は盛んに蒸発して、圧力に相当する温度七―一二度Cくらいまで降下する。

このときの蒸発気は、蒸発放射器から凝結器に誘い出され、蒸発器内は常に一定の真空が保たれる。一方、蒸発器にできた低温の水は再び冷水循環ポンプによって空気調和器の冷却管に導かれる。こ

冷水溜，冷水循環ポンプ，冷凍機

の操作が繰り返して行われるのである。

なお、冷水循環ポンプが止まったとき、調和器冷却管中の水が重力によって蒸発器に戻れば、蒸発器の水面が上がり、水が凝結器に引かれるおそれがある。これを防ぐため、冷水溜を設けて、冷水循環ポンプが止まれば、空気冷却管および冷水配管中の水は冷水溜に溜まり、蒸発器の水面を上げないようにしてある。

また、冷水循環ポンプが止まって空気冷却管中の水が重力で落ちる際に、管の空隙を補って空気を吸いこむため、冷水溜と空気冷却管との間に空気抜管が設けてある。なお、空気冷却管から空気抜管への出口には逆止弁があり、冷水循環ポンプの運転中も冷水管中の冷水が空気抜管に流入することを防ぐ。

冷水循環ポンプが運転を開始するときには冷水溜中の水をその底部から引くので、冷水溜上部空隙を補って空気を入れるために、冷水溜上部と冷水戻り管とをつなぐ管が設けられている。

すなわち冷水溜には、底部に一本と上部に二本の管が連結されている。これらの管はいずれも、低圧の空気および水を入れ、あるいは抜くために用いられるので、すべて厳重に空気および水の漏れを防止するようにしなければならない。

(ウ) 凝結サイクル

蒸気主管から減圧弁、放出弁、蒸気分離器、電動給気弁などを経たゲージ圧力3.5kg／cm²の蒸気は、いわゆる高速度型ノズルによって蒸発器上部に吹きこまれ、ノズルを通過するときに得た運動のエネルギーは蒸発器中の空気および蒸発気を誘い出す。誘い出された空気および蒸発気は、蒸気とともに円錐型の中に押しこまれ、蒸気は圧縮され、逆流作用によって真空の破れるのを防ぐ。

蒸気器では、水の蒸発面を最大にし能率をよくするために水を噴霧にする。

蒸発器に吹きこまれた蒸気は水の蒸発気を誘い出し、途中で圧縮されて凝結器に達し、ここで冷却され凝結する。この放射蒸気によって誘い出される蒸発気がどのくらいの熱量を奪うかというと、蒸発器の絶対圧力は〇・〇一—〇・〇一四kg／cm²、温度は七—一二度Cである。

いま七度Cとみれば、蒸発潜熱は五九〇kcal／kgである。

蒸発器をXkgとすれば、蒸発の際奪った熱量は、

(X × 590) Kcal

一方、空気冷却管であたたまって蒸発器に戻ってくる水の温度を一三度C、水の比熱を一とすれば、一キロの水が与えた熱量は、

1 × (13 − 7) Kcal

与えた熱量と奪った熱量は等しいから、

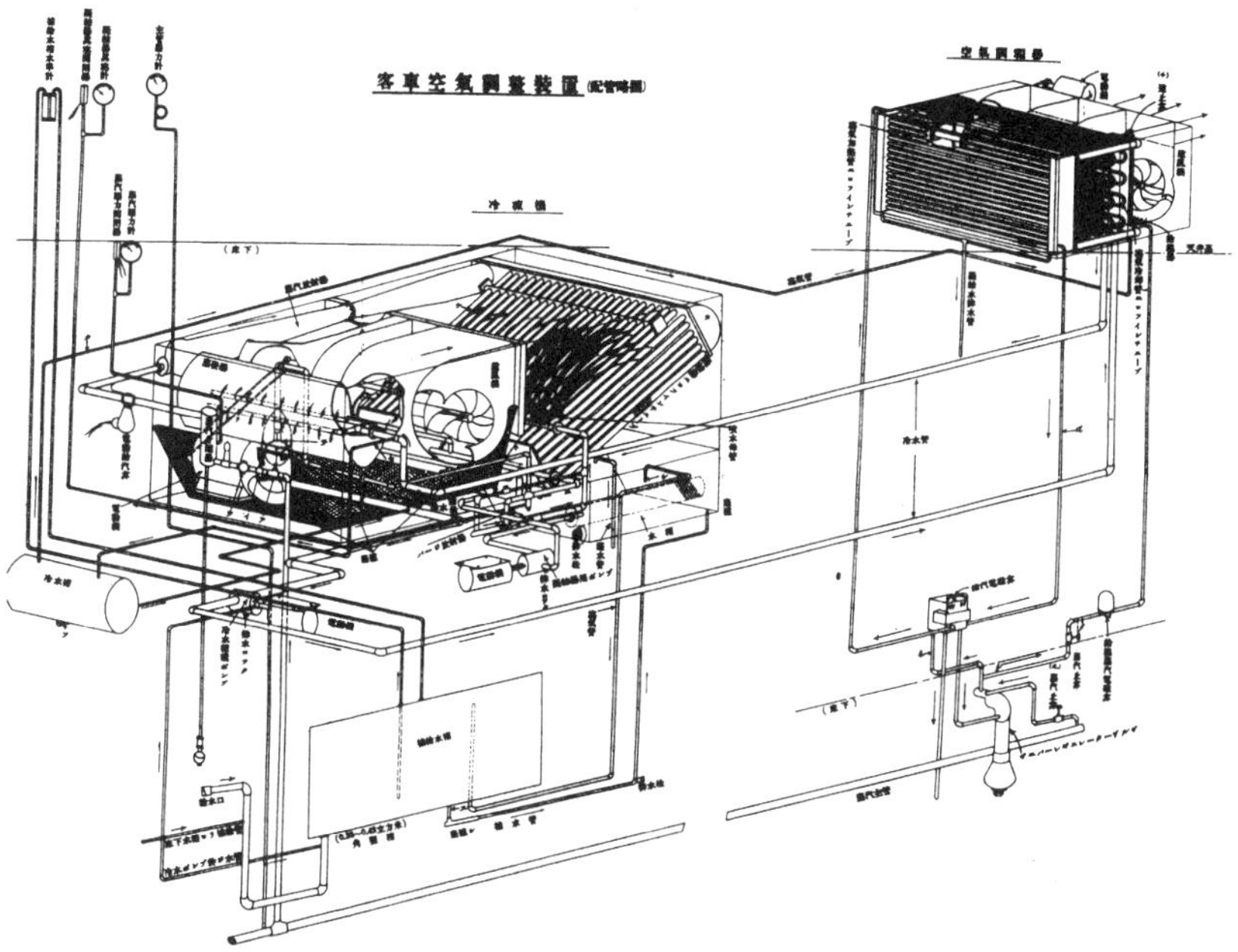

$$X \times 590 = 1 \times (13 - 7)$$

$$X \fallingdotseq \frac{1}{100}$$

すなわち、一%の水が蒸発して、残りの水を六度C低く保つことになる。

凝結器の圧力はその表面の冷却状態によって左右されるが、この装置では、絶対圧力約〇・〇七kg/cm²（水銀柱五センチ）、温度三八度Cくらいになる（蒸気放射器端で約四五度C）。

この場合、大気中に吹き出すことは、圧縮比が大になるから無理で、蒸発器圧力から凝結器圧力に吹き出して、圧縮比は七くらいになる。

毎分一・五―二キロの蒸気と、〇・五―〇・七キロの蒸発気とが、この凝結器で凝結する。そして持ち去られた蒸発気の相当する量の水は、蒸発器と凝結器との圧力差および蒸発器補給水管に不凝結気を混入しこれを軽くすることにより再び蒸発器に戻る。凝結水が蒸発器に戻る量を加減し、蒸発器の水面を調節するために、蒸発器底部に浮弁があって、水面が上がれば凝結水の流入を止め、水面が下がれば凝結水が入るようになっている。

七度Cの水のところに三八度Cの水が帰ることは、せっかく冷えた水をあたためることになるが、一キロ当り38－7＝31Kcalの熱量は、蒸気一キロが奪う熱量五九〇キロカロリーに比べるとわずかな熱量である。

凝結器を低圧に保ち、蒸気の放射圧力を有効に利用するためには、凝結器温度をできるだけ低くし、凝結水を引き出してやらなければならない。蒸発器および凝結器中の空気ならびに凝結水を引き出すためにパージ放射器がある。

凝結器底部水溜の水は凝結器用ポンプで吸い出され、パージ放射器のノズルから噴射される。この放射水は蒸気放射器と全く同一の原理で真空を作り、凝結水および空気は凝結器中から誘い出され、ノズルから放射された冷却用水とともに噴水（噴霧）母管から凝結器表面に噴きかけられる。

言いかえれば、蒸気放射器は、蒸気を放射して蒸発気中の蒸発気および空気を吸い出す作用をし、パージ放射器は、水を放射して凝結器中の凝結水および空気を吸い出す作用をするのである。

このようにして、蒸気の凝結水はパージ放射器によって吸い出され、凝結器冷却水とともに噴水母管に導かれ、凝結器表面に噴射して凝結器を冷却する。そして凝結器底部水溜に溜まり、再び凝結器用ポンプで吸い出されてパージ放射器に行く。この操作を繰り返す。

凝結器用ポンプ運転中は、凝結水はパージ放射器の作用で噴水母管から大気中に放出されるが、蒸発器の水面が降下した場合は、前述のように、凝結器とパージ放射器の間の配管の枝管から凝結水が圧力差で蒸発器に向かって流れ、適当な水面になるまでこれが続く。そして蒸発器の浮弁の作用で水が止まれば、パージ放射器のみに水が引かれる。

凝結器ポンプが運転を停止した場合には、パージ放射器の作用はやむので、噴水母管から空気が侵入して水は逆流し、凝結器および蒸発器の真空は壊われ、次に運転を開始するときには再び真空を作らなければならないことになる。これを防ぐため、ポンプが運転を中止しても空気が凝結器および蒸発器には入らないように、凝結水がパージ放射器に入る配管路に逆止弁がある。そして凝結器用ポンプが運転を中止すれば、噴水母管から入ってくる大気の圧力で水が逆止球弁に作用して弁が閉まり、真空を保つ。

この球弁の作用を助けるために、凝結器用ポンプ—ノズル—噴水母管に至る管路に、ノズルと平行に脇途管があり、この管路に別の逆止弁がある。ポンプの運転が止まれば、噴水母管に入った大気は、この逆止弁を経てノズルのポンプ側の水を圧して球弁を押し上げ、真空を保たせる。すなわち、噴水母管から入った大気は二途に分かれて水を圧し、球弁に作用して真空を保つのである。

凝結器表面は冷却用送風機によって風が吹きつけられ、水を冷却すると同時に、表面に付いた水の蒸発が盛んになり、より有効に冷却が行われる。

ほかに補給水槽があって、凝結器表面から蒸発によって失われる水を常に補給する。

この補給方法は、凝結器底部水溜の水面が下がれば、補給水槽の上部とこの水溜の上部とをつなぐ配管によって補給水槽は大気に通じ、水槽の水は別の配管で、補給水槽下部から凝結器底部水溜に向かって流れる。

補給水槽

凝結器水溜の水面が上がれば補給水槽上部は大気と遮断される。そして水の重さと釣り合って水槽上部にできた軽い真空は水槽の水を支え、この水は凝結器のほうには流れない。

前述のごとく、凝結器を冷却して凝結器底部に溜った水と補給水槽から補給された水は、凝結器用ポンプの運転によって引き出されてパージ放射器に放出し、その運動のエネルギーによって凝結水を誘い出し、これを加えて凝結器冷却用の噴水母管から凝結器の管表面に噴射する。

パージ放射器の作用によって凝結器中の空気も除かれ、ここの真空が保たれるのである。

(エ)　暖房装置の作用

暖房方法は、従来用いられていたゴールド直圧式暖房と、空気調和器中の空気加熱管（エロフィンチューブ）による温気式暖房とを併用するものである。

車内の空気は車端天井還気口から吸いこまれ、これに適当な外気が混入されて空気調和器に入る。調和器内には大気圧蒸気が通っている放熱管があり、これによって加熱される。

外気および再循環気はあたためられると同時に著しく乾燥するが、これは給湿器から吐き出す大気圧蒸気によって必要なだけの湿気が与えられる。

このようにして加熱給湿された空気は、給気送風機によって風道に送られ、各空気吹出口から平均に車室内に分配される。

加熱および給湿の度合は、車内に設けられた温度調節器および湿度調節器の作用でそれぞれの電磁弁が働いて、加熱管あるいは給湿器に自動的に大気圧の蒸気を通し、あるいは止め、これによって車室内の温度、湿度は調節される。

空気調和器だけを使うことは、乗客の足下が冷え、また床、窓などから失われる熱によって乗客に不快を与えることになるので、普通は床上両側に沿って設けられた直圧式暖房の放熱管に蒸気を通し、なお室内温度の低い場合に調和器の放熱管に通気すれば、十分な熱量を供給し、同時に車内温度分布状態を一様にすることができる。

⑿ 外国人から見た特別急行列車「あじあ」

満洲国は建国以来、異常な躍進を続けたが、国際関係においても、一九三二(昭和七)年九月十五日、日本の承認を得、越えて一九三四(昭和九)年三月帝制実施に際しては中央アメリカのエルサルバドルの承認を見、あるいは同年八月におけるローマ法王庁の正式文書の交付などがあって、その国際的地位の基底にいよいよ堅実味を加えてきた。しかし他面では、国際連盟が満洲国不承認の原則を採択したため、列国もこれに雷同するものが多く、このため日本は国際連盟を脱退したが、その後の国際関

大連ヤマトホテル（明治四十年）

大連ヤマトホテル（大正五年）

係の推移は、満洲国の健全な発展の実証のもとに、有利な展開を見せたばかりでなく、その動向はこれを反証するものにほかならない。

建国早々相互に領事の駐在を認め、つづいて満ソ水路協定に調印し、さらに北満鉄道譲渡協定に調印したソ連などは、すでに事実上の承認国と見なしうるであろうし、ポーランド、ドイツ両政府と満洲国政府との間に締結された郵便為替交換についての協定なども、またその現れというべきである。イギリス、フランス、ドイツ、ベルギー、アメリカその他諸国の経済視察団が来満して各種の企業を策し、対満投資を研究しつつあるなどは、国際法上の解釈はしばらくおき、満洲を経済的に承認するものに外ならなかった。

バーンビー卿を団長とするイギリス産業連盟極東視察団の一行が来満したとき、あたかも満鉄においては特別急行列車「あじあ」の試運転中であったが、満鉄では試運転中の「あじあ」に一行を試乗させることを許可し、私はこの一行と同車して「あじあ」の車両構造ならびに諸設備について車内で彼らに説明した。彼らとしては空気調整装置（Air Conditioning）についてはあまり経験がないようにみえたので、私は車室内の空気の流れの状態を実物について説明するため、彼らを車端へ案内した。そして私が手に持った紙幣を天井還気口の下で放すと、紙幣はペタリと天井還気口にくっついた。これを見た彼らは「ワンダフル」といって賞讃した。

また昭和九年十月、日本新聞協会の清浦奎吾会長は、日米親善増進の目的でアメリカの一流新聞社の記者団（The American Press Party）を招待したが、記者団一行は新興満洲国を訪問することとなった。

この記者団一行は、まず日本での日米親善懇談会を終え、朝鮮を経由して満洲国に入ったのである

アメリカ新聞社の記者団

が、日本ならびに朝鮮で一行が乗った鉄道の車両があまりにもお粗末であると彼らから批判されたという情報が、鉄道省と朝鮮鉄道局からそれぞれ満鉄に入った。

　そこで満鉄では、特別急行列車「あじあ」は当時試運転中ではあったが、特別のはからいでこれに試乗させることとなり、新京から奉天まで一行を乗せたのである。

　私は、この試運転列車に彼ら一行と同乗して、一行を展望室に集め、車両の構造、列車の速度ならびに諸設備について詳細な説明をした。記者団一行は、颯爽たる「あじあ」の勇姿、豪華な車室、快適な空気状態について賞讃の言葉を贈ってくれた。

　私は説明後、記者連中の質問を受けることにした。まず一人の記者が私に、この列車はアメリカのいずれの製造会社から購入したかと聞く。私は満鉄において設計し、自社の鉄道工場で建造したこと、また少量の特殊鋼その他を除いてほとんど国産品を使用したことを説明した。さらに、一人の記者は私に、あなたはアメリカのどこの大学を卒業したかと聞く。彼らアメリカ人記者連は、どこまでも「アメリカン・ファースト」を信じているようである。私が、アメリカへ留学して鉄道車両の構造と空気調整装置に関する調査研究をし、また、アメリカにおける各鉄道の優秀列車を調査して、それ以上優秀な世界に誇る列車を設計製作したのがこの「あじあ」であると答えると、彼ら記者団一行から、絶大な賞讃と将来を祝福する握手を次々と記者ならびに同夫人連から受け、私としては大いに面目をほどこしたのである。

「あじあ」車内風景

展望車――走るサロン

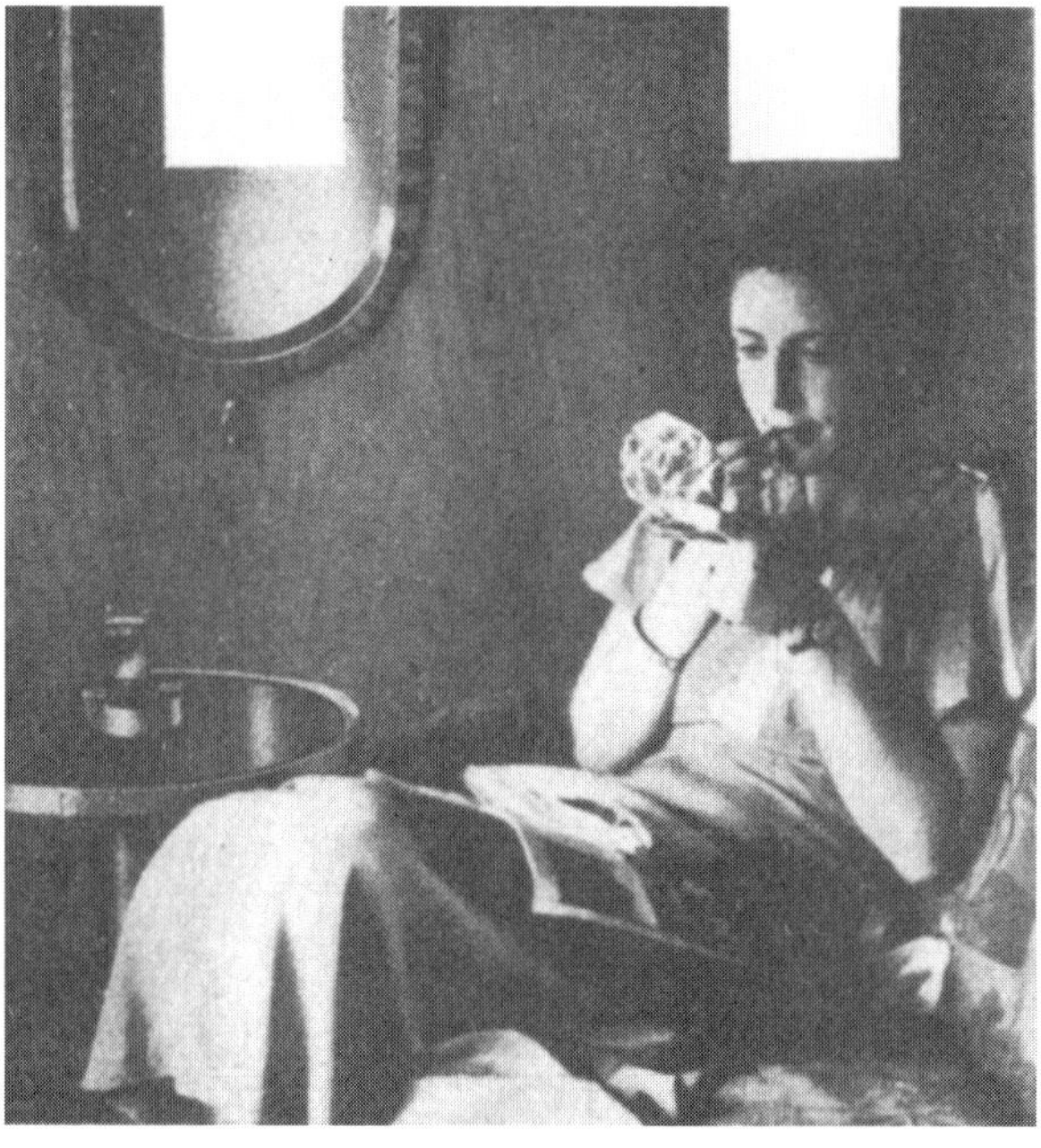

豪華な特別室

二等車内部

ゆったりとした食堂車

関車

機號 970 −

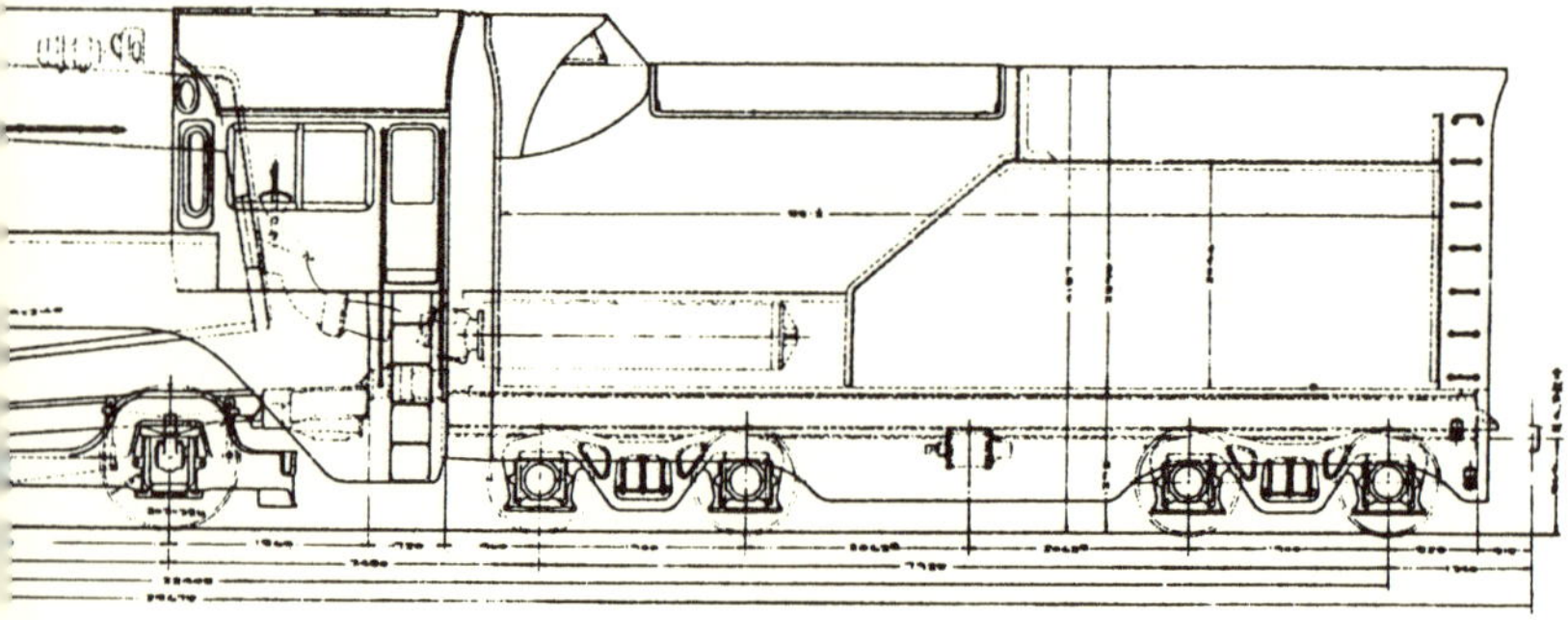

203,310	投炭装置	ヂューボン B.K.M.型	製造所名	機號
	過熱装置	機関車過熱器會社式E型	満鉄鉄道工場	970~972
105,400	加減弁及過熱管寄	エレスコ會社型多弁式	川崎車輌株式會社	973~980
35,110	給水加熱装置	満鉄式		
140,510	送水ポンプ	200×140×230W.P.M.型		
15.5	給油器 油用	ナザン式3給5給各1個		
15,850		ボッシュ式 T.P.4		
ワルシヤート式	給油器 軟グリース用	ボッシュ式 K.P.G		
W.H. NO. GET				
W.H. 2-241×241				
サンビーム型				
アルコ式				
シクリン式蝶 BDA-2型				
ナザン式 BH10型1個				

パシフィック テン

型式 4−6−2 略號

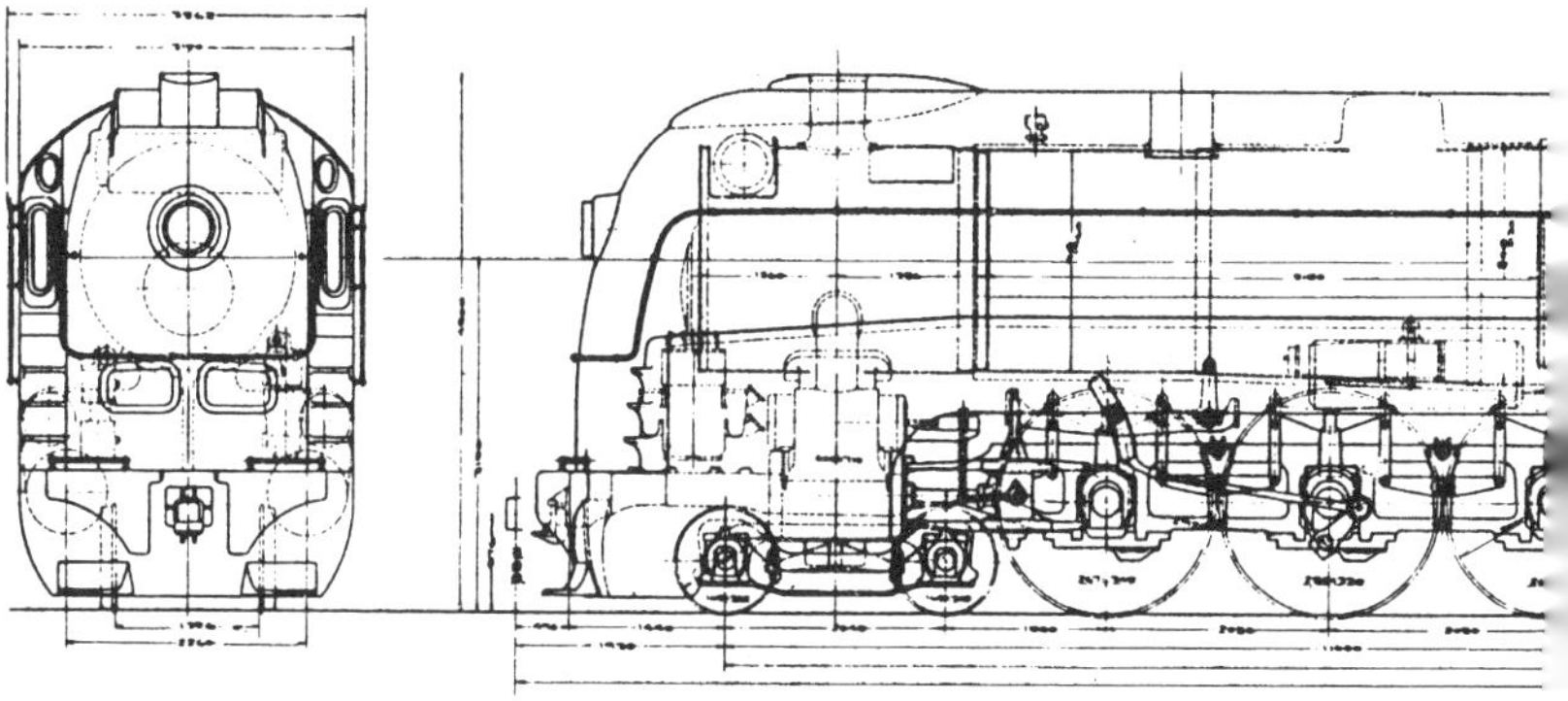

汽筒径及衝程	610×710	煙管ノ数大小	90-132 51-70	機炭総重
弁ノ衝程	216	煙管ノ長サ	5150	
先輪ノ径	920	火床面（平方米）	6.25	空車（瓩） 機総重
動輪ノ径	2000	水槽容量（立）	37,000	炭総重
従輪ノ径	1270	燃料槽容量（瓩）	12,000	機炭総重
炭水車輪ノ径	920	最大高及幅	4800×3362	常用蒸気圧力
機関車固定軸距	4160	炭水車注水孔高	4187	牽引力
機関車全輪軸距	11000	運轉整備（瓩） 先輪上重量	24,350	弁装
機関車炭水車軸距	22405	第一位	23,910	制動
機炭連結間全長	25675	第二位	23,990	空気ポン
伝熱面（平方米） 火室	29.29	第三位	23,930	発電
煙管	248.15	従輪上	23,020	反轉
過熱管	102.20	総重量	119,200	焚戸
計	379.64	炭水車総重量	84,110	注水

手荷物郵便車形式図

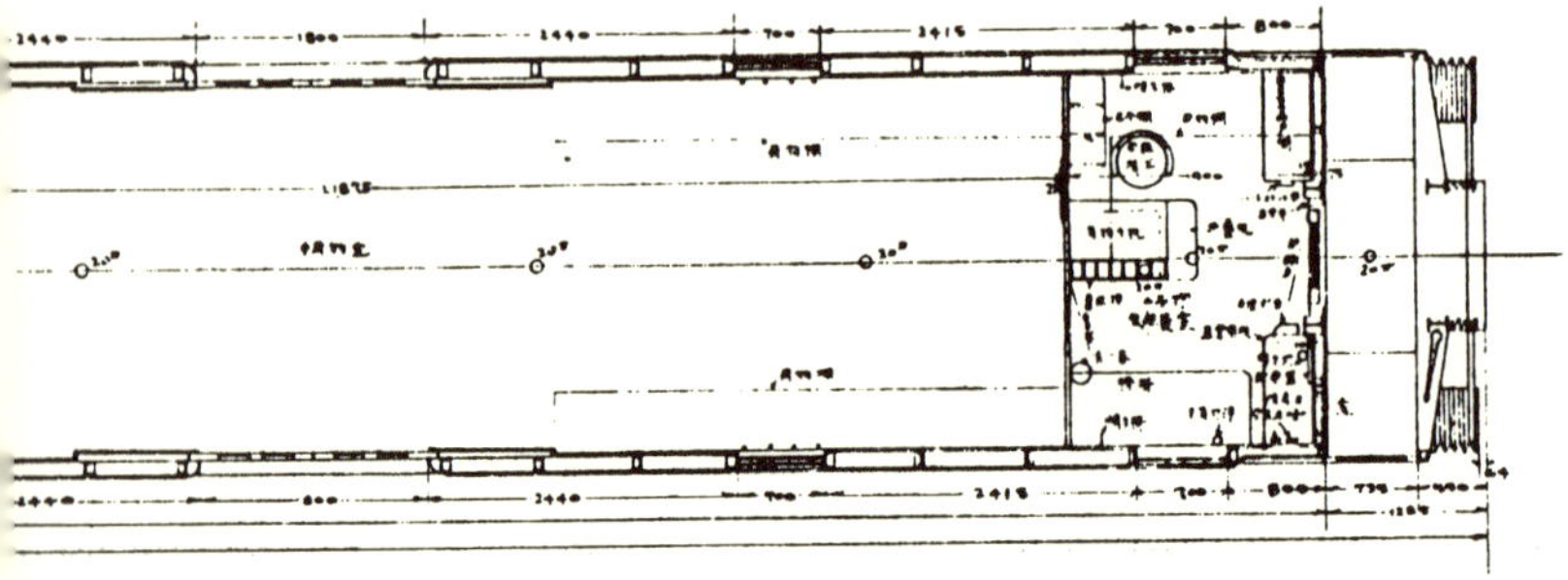

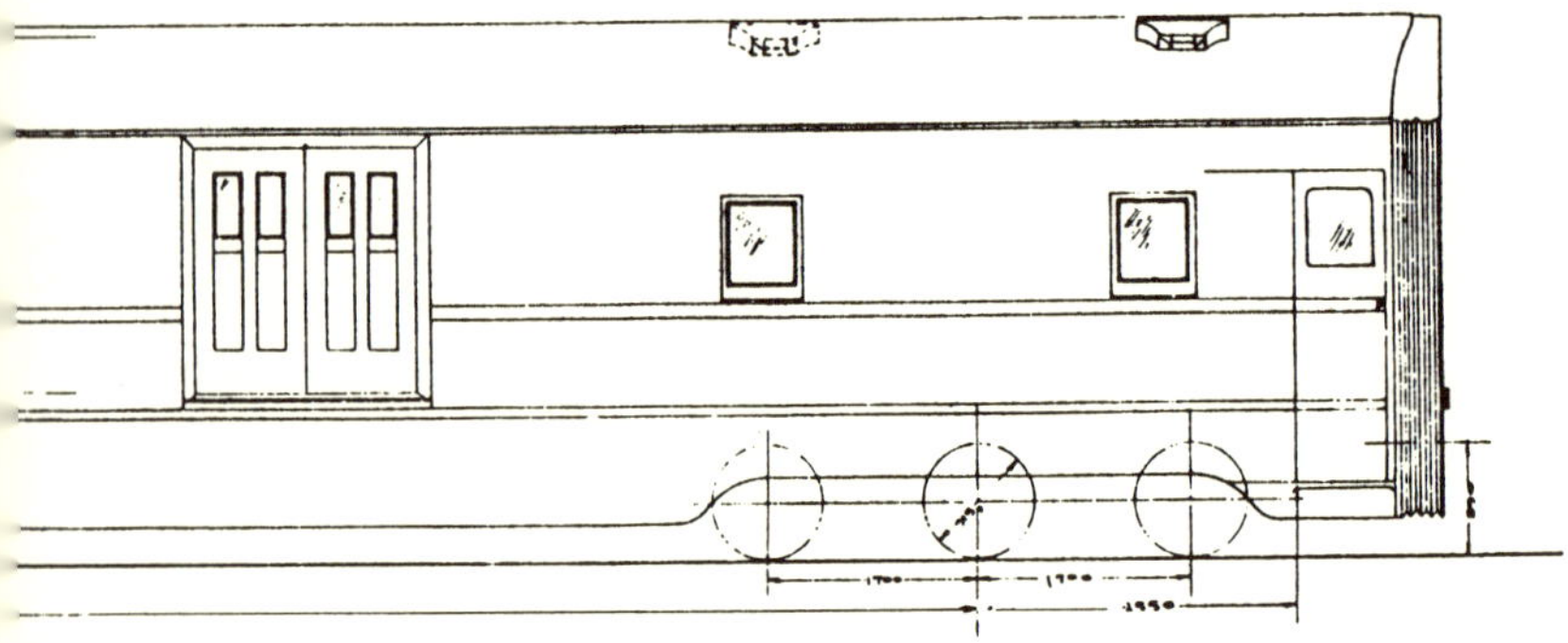

台一箇重量	自重
120 kg.	45.460 kg.

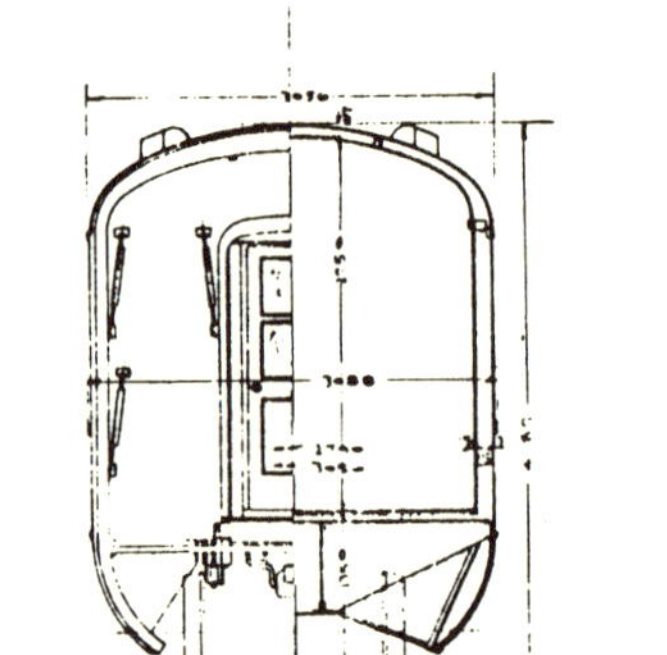

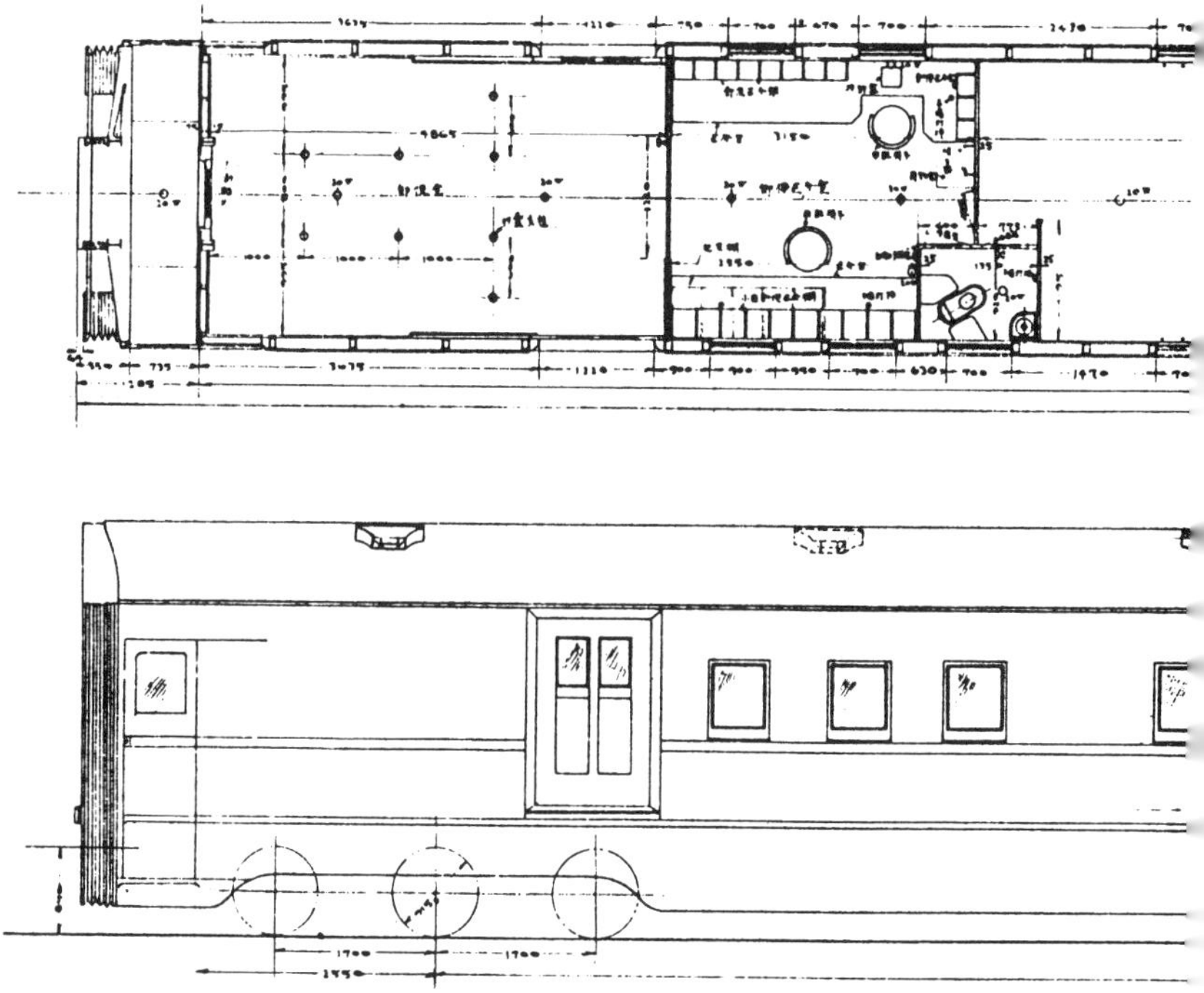

最大寸法			連結器間ノ長サ(附内側)	軌條面ヨリノ高サ		容積	積載重量	制動機	
長サ	幅	高サ		連結器中心	床面	テ 45 m^3	テ 7,600 kg	手用及空気制動機(L	
24.696	3.056	4.187	24.540	890	1.350	ユ 48 m^3	ユ 6.600 kg	三動弁	制動筒
								L3	457(1

手荷物郵便車 テユ8			
製造年度	輌数	番號	製造所名
昭和 9	4	1000~1003	鉄道工場

三等車形式図

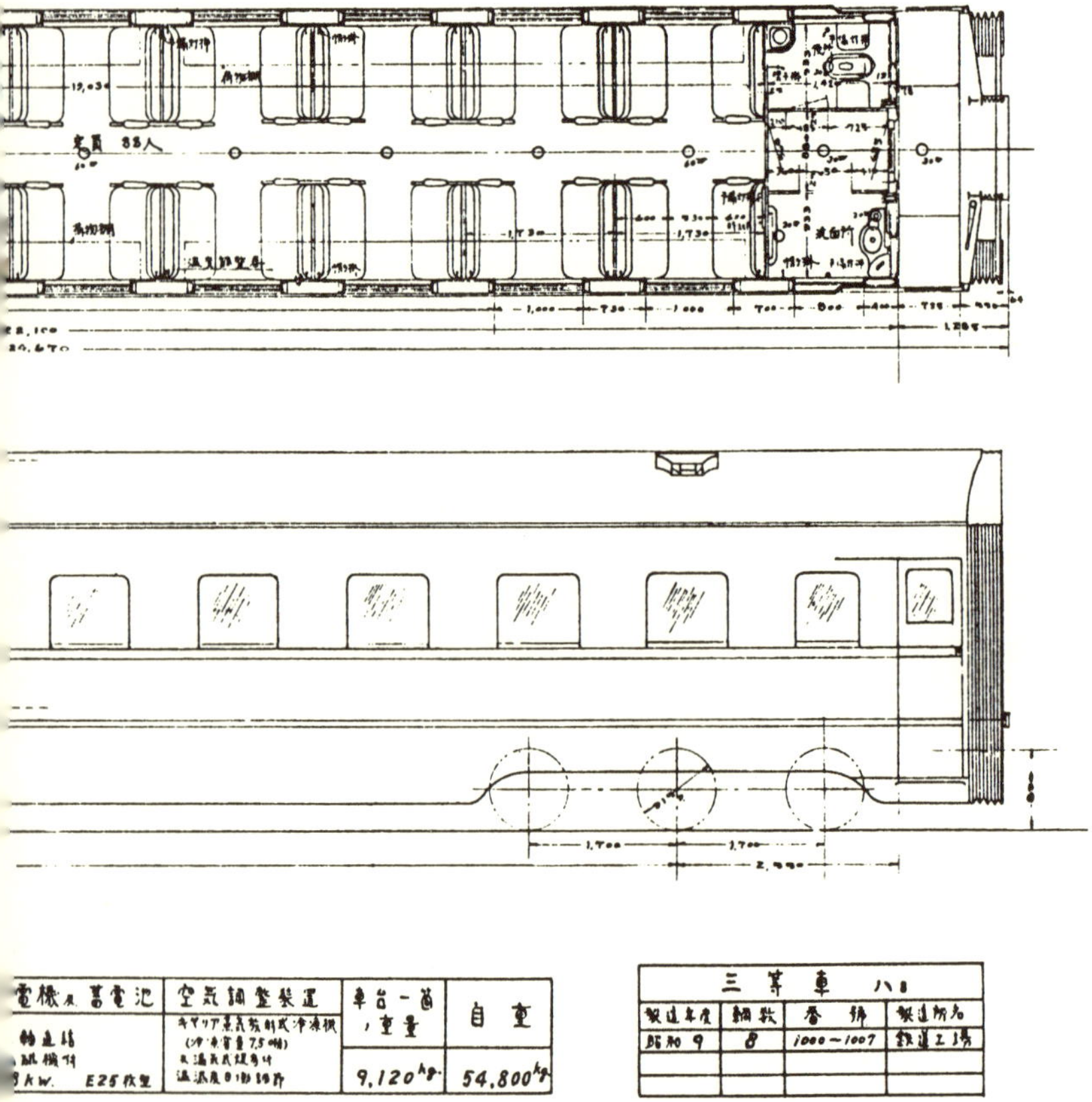

定員 88人
1,730
1,700
2,990
電機及 蓄電池
3 KW.　E25 改型
空気調整装置
キヤリア蒸気噴射式冷凍機
(冷凍容量 7.5 噸)
車台一箇ノ重量
9,120 kg.
自重
54,800 kg
三等車　ハ8
製造年度　昭和9
輛数　8
番号　1000～1007
製造所名　鉄道工場

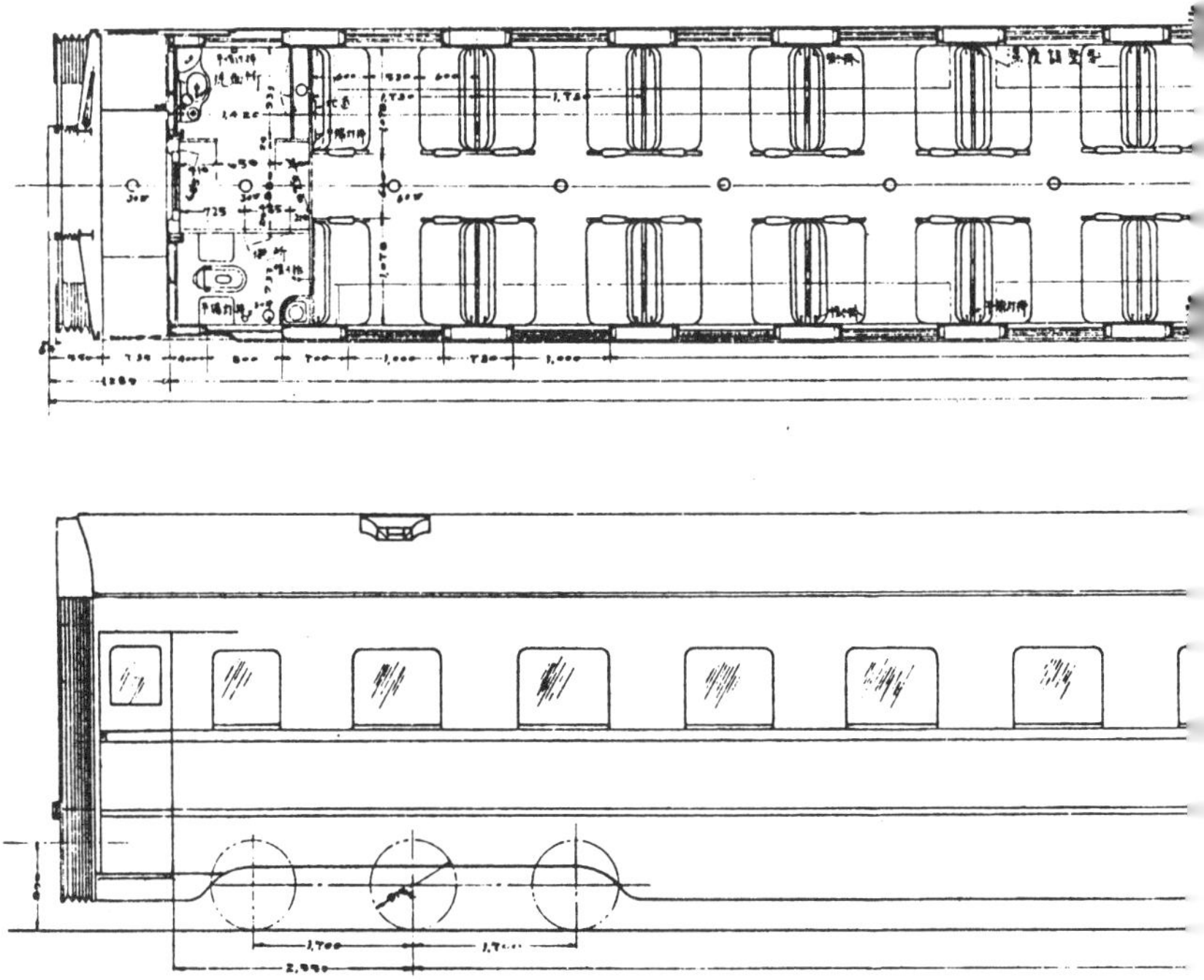

最大寸法			連結器間ノ長サ(肘内側)	軌條面ヨリノ高サ		定員	制動機	
長サ	幅	高サ		連結器中心	床面		手用及空気制動機(L	
							三動弁	制動筒ノ
24,696	3,056	4,187	24,540	890	1,350	88	L3	457(

食堂車形式図

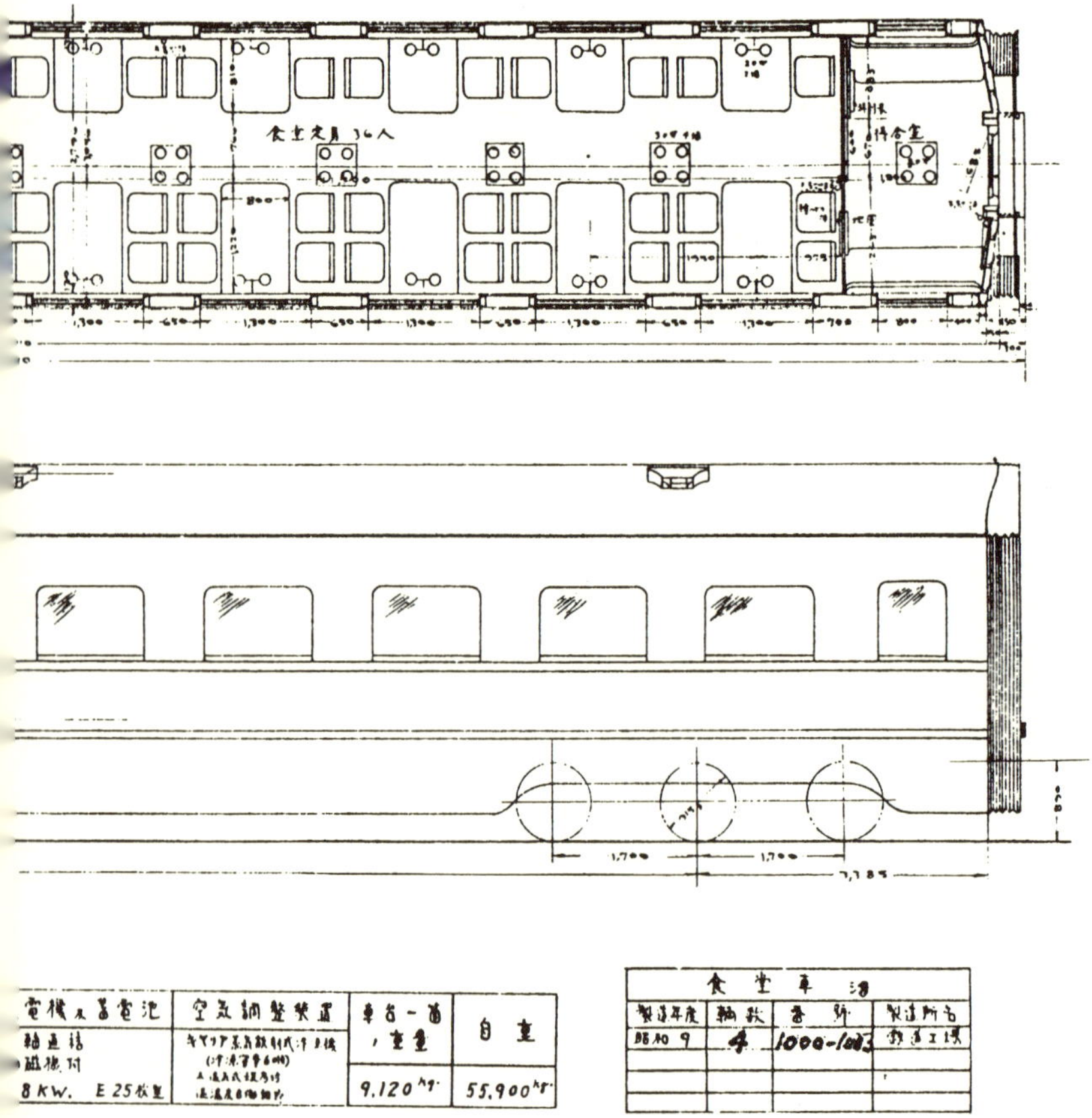
食堂定員36人
待合室
1,300
650
1,700
7,185
電機及蓄電池
8 KW.　E 25枚
空気調整装置
車台一箇ノ重量
9,120 kg.
自重
55,900 kg.
食堂車
製造年度
輌数
番號
製造所名
昭和 9
4
1000-1003
鉄道工場

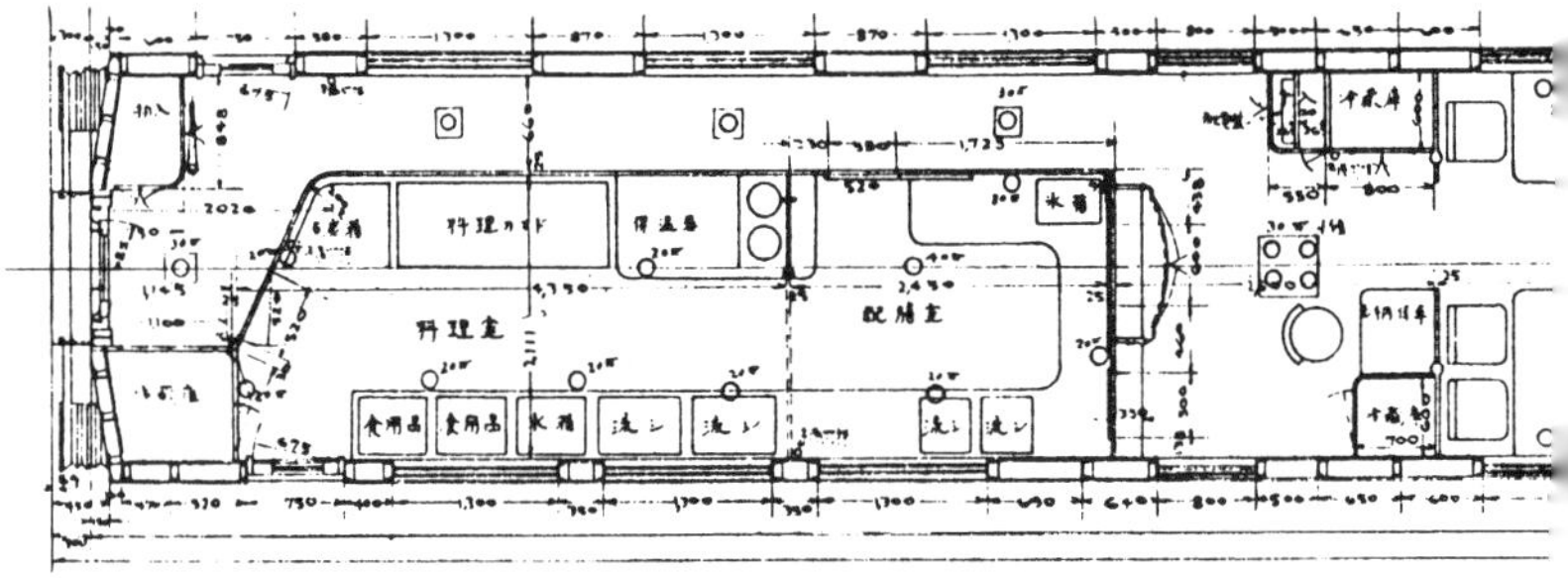

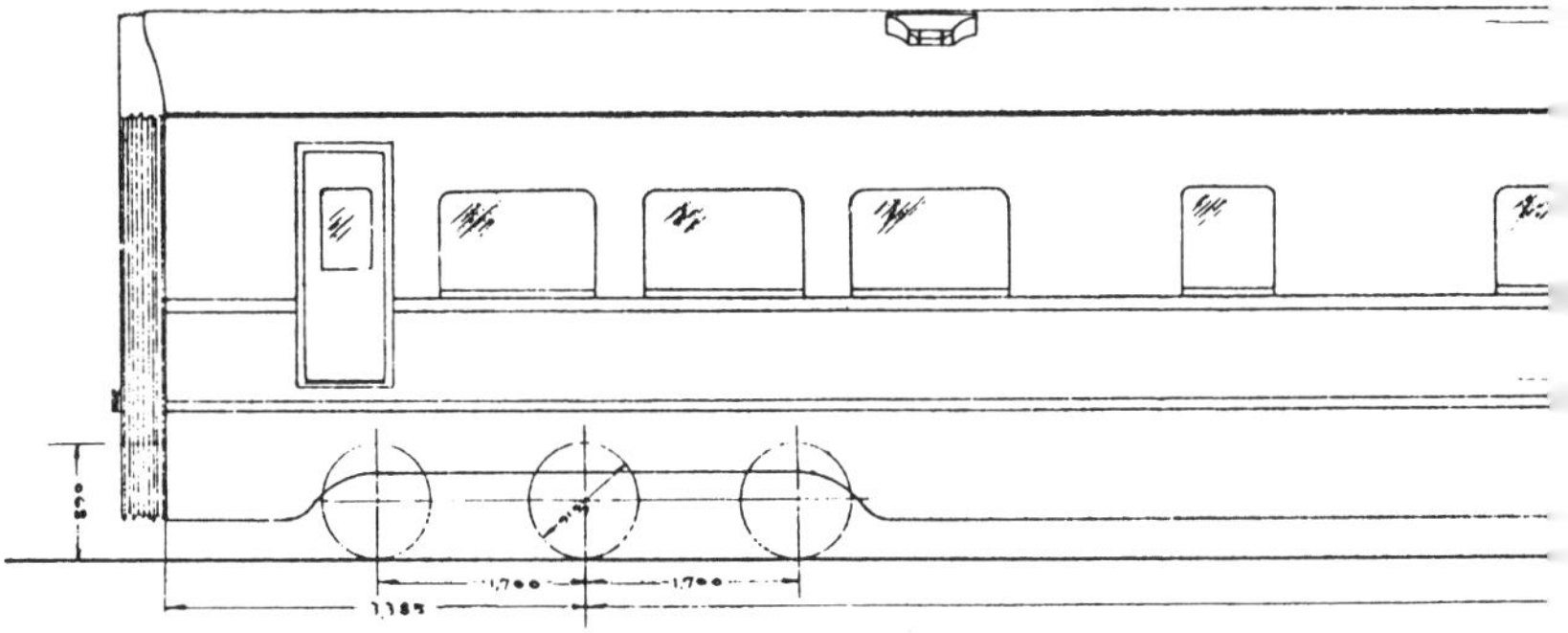

最大寸法			連結器間ノ長サ	軌條面ヨリノ高サ		定員	制動機	
長サ	幅	高サ	(附内側)	連結器中心	床面		手用及空氣制動機(LN	
							三動弁	制動筒ノ径
24.696	3.056	4.187	24.540	890	1.350	36	L3	457(18")

二等車形式図

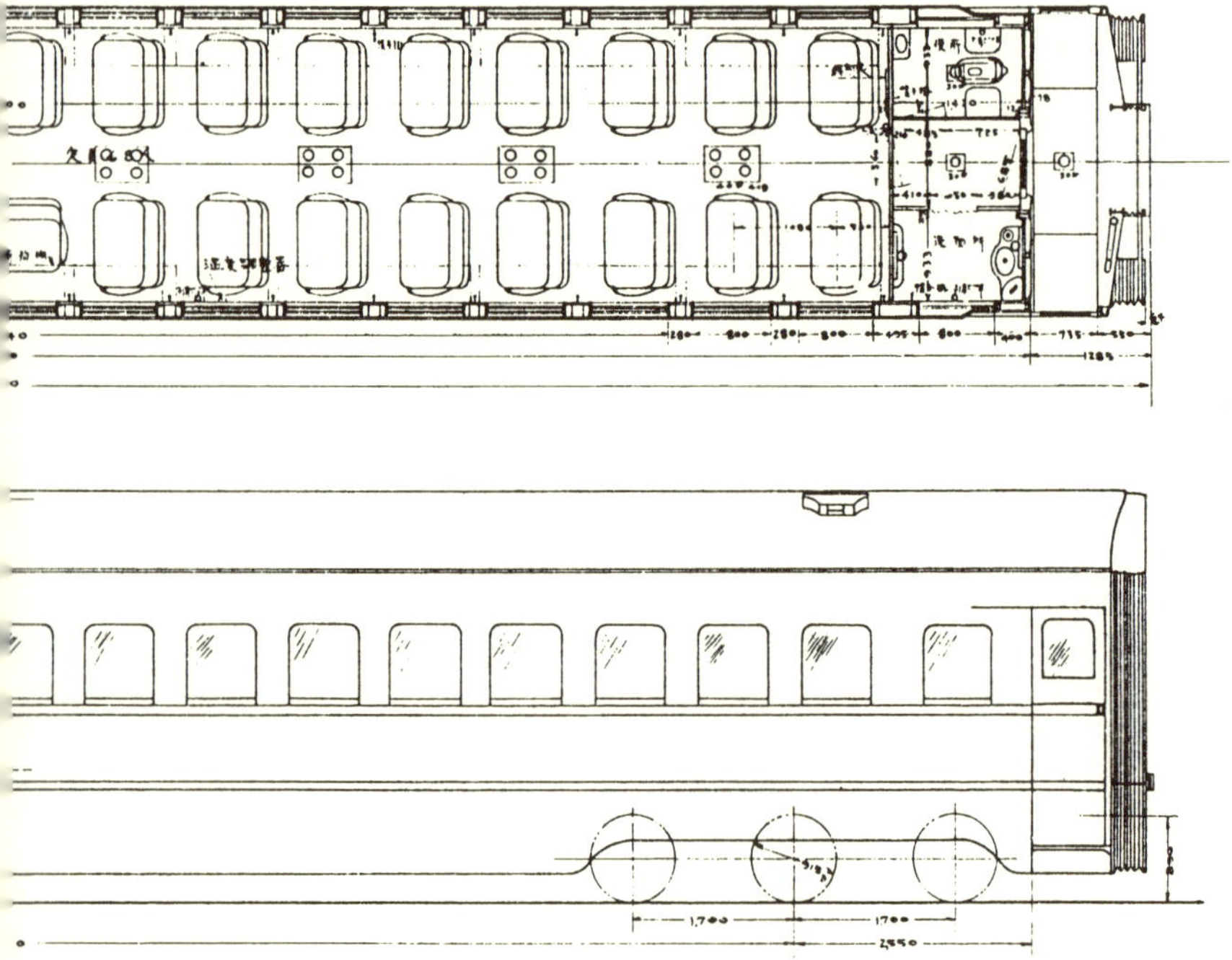

発電機及蓄電池	空気調整装置	車台一箇ノ重量	自重
車軸連結 励磁機付 8KW. E25改型	キヤリア蒸気放射式冷凍機 (冷凍容量7.5噸) 水滴式冷却器付 温湿度自働調節	9,120kg.	55,810kg.

二等車ロ8			
製造年度	輛数	番號	製造所名
昭和9	5	1000～1004	鉄道工場

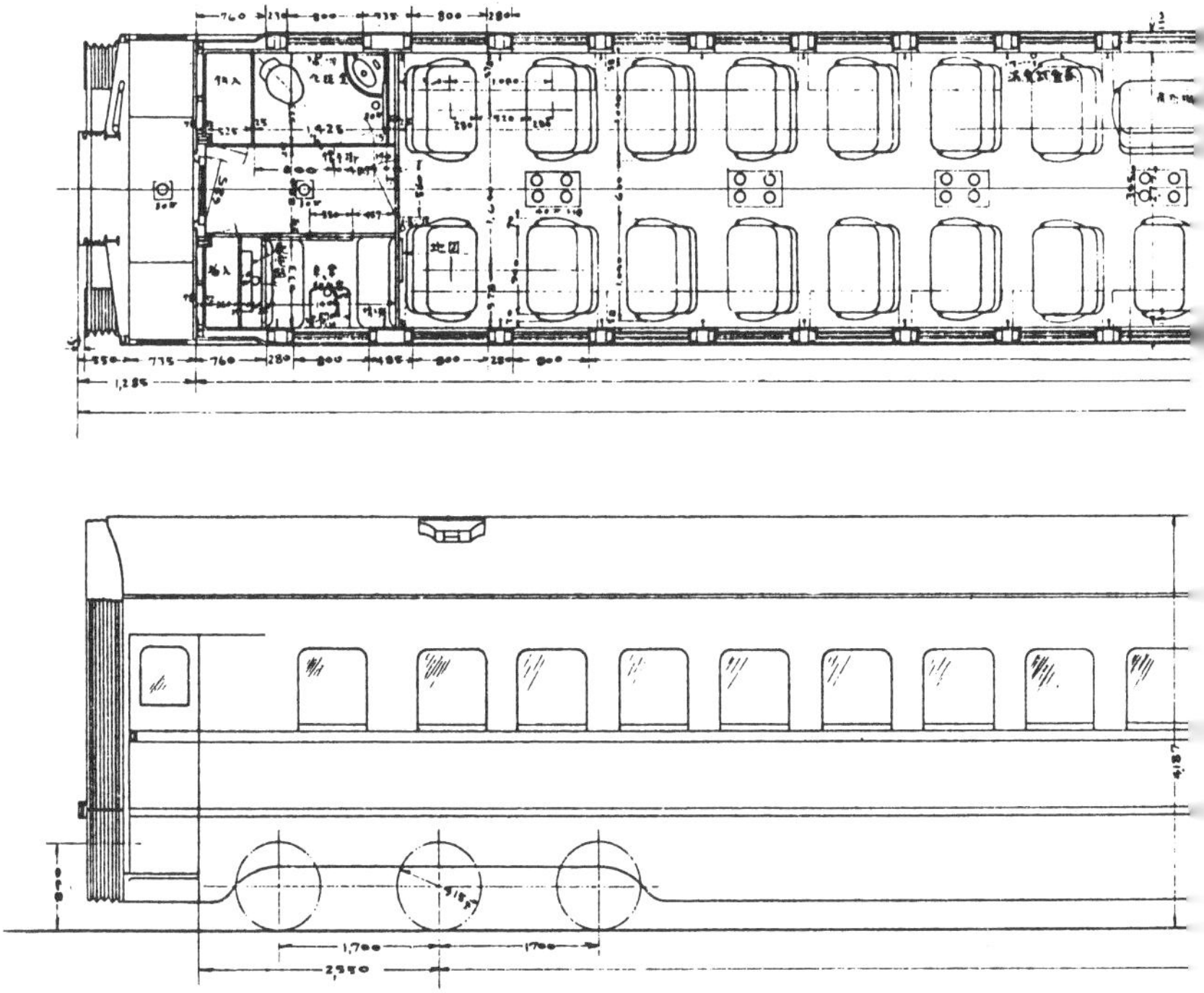

最大寸法			連結器間ノ長サ(肘内側)	軌條面ヨリノ高サ		定員	制動機	
長サ	幅	高サ		連結器中心	床面		手用及空気制動機(LN)	
							三動弁	制動筒ノ径
24,696	3,056	4,187	24,540	890	1,350	68	LJ	457(18")

展望一等車形式図

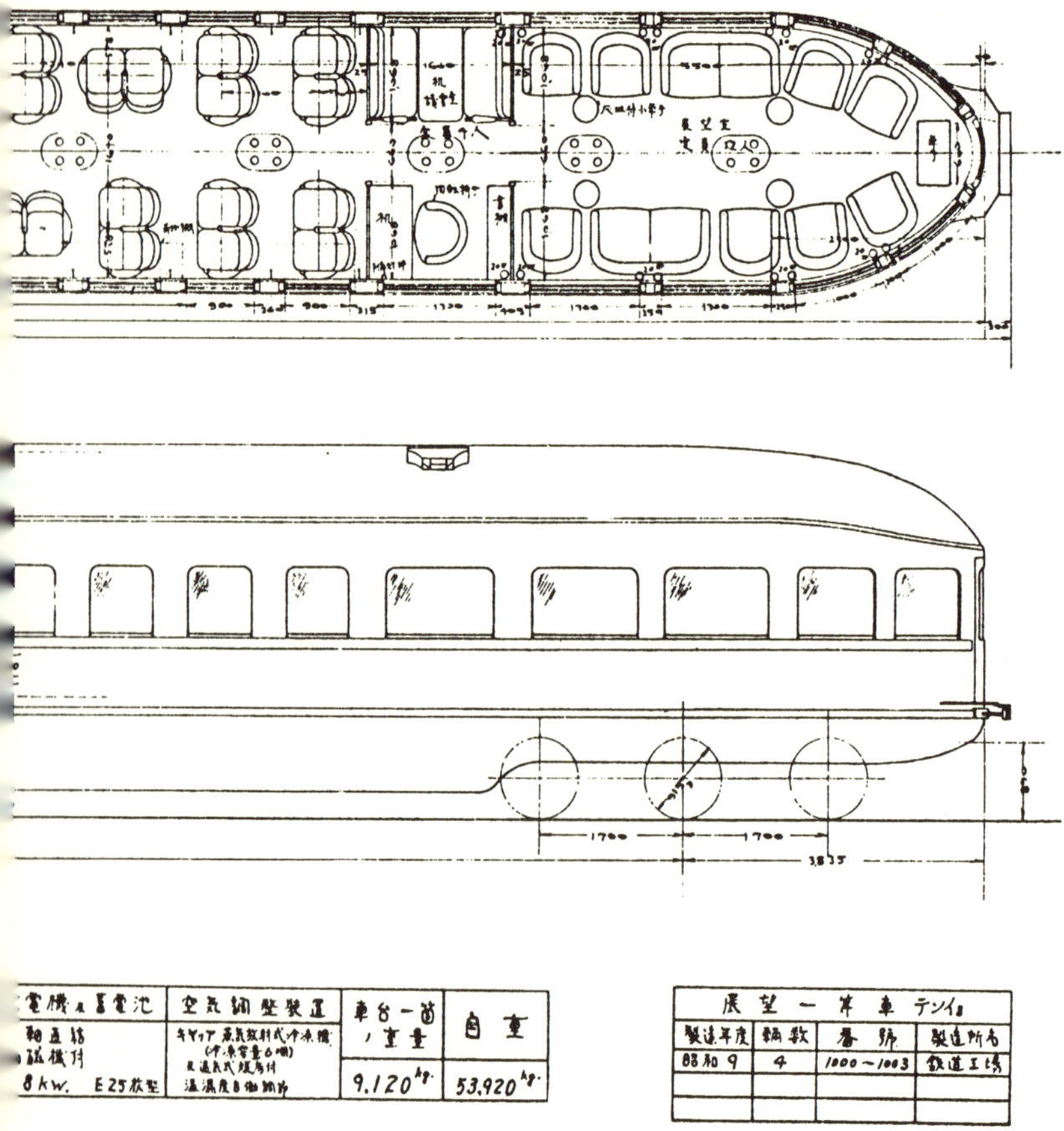
展望室
定員
1700
3835
電機及蓄電池
8 kW.
E25形型
空気調整装置
車台一箇ノ重量
9,120 kg.
自重
53,920 kg.
展望一等車 テンイ8
製造年度
輛数
番号
製造所名
昭和9
4
1000～1003
鉄道工場

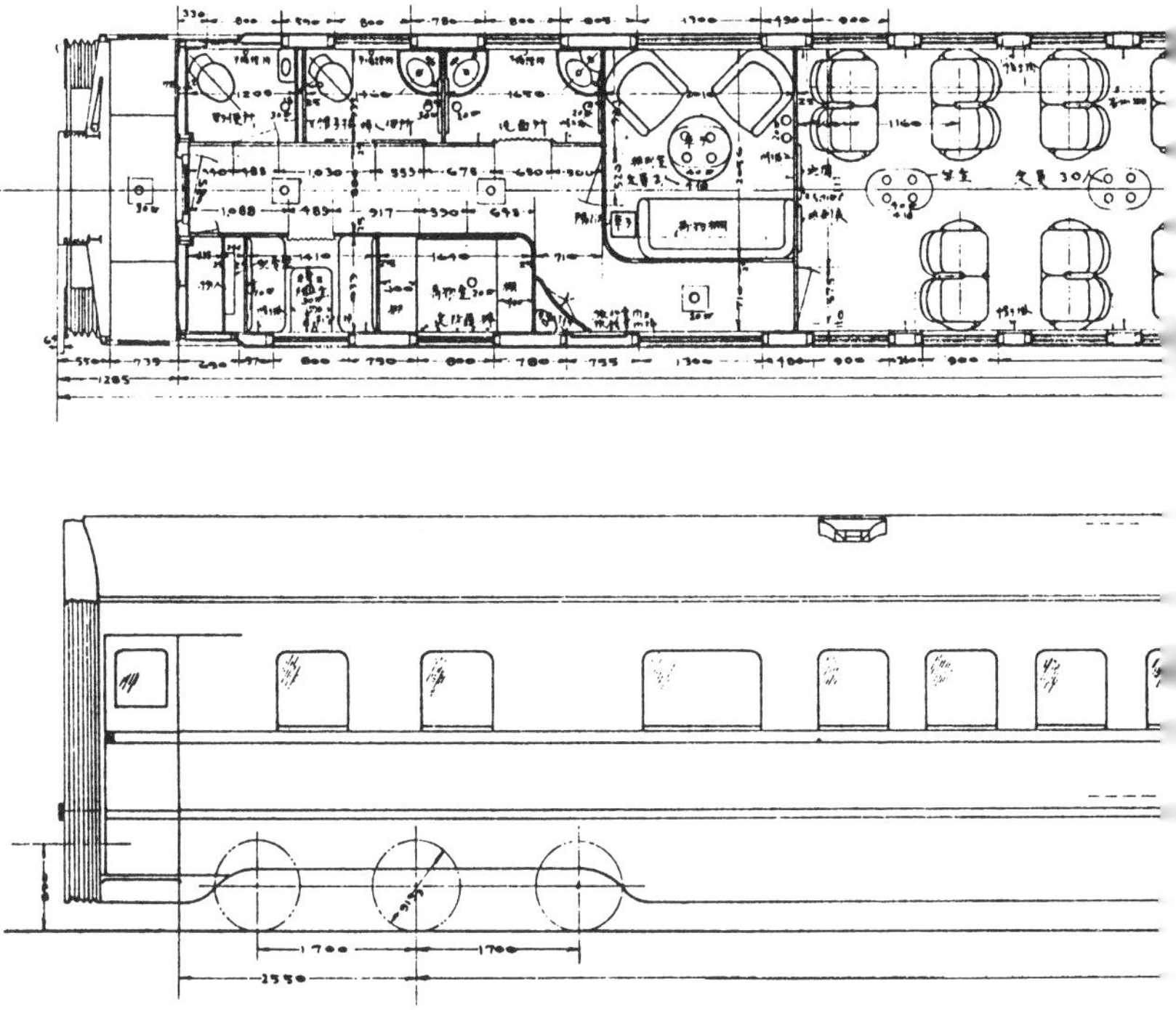

最大寸法			連結器間ノ長サ(肘内側)	軌條面ヨリノ高サ		定員	制動機	
長サ	幅	高サ		連結器中心	床面	展望室 12 一等室 30 特別室 4	手用及空気制動機(L	
							三動弁	制動筒ノ
24,696	3,056	4,187	24,540	890	1,350		L3	457(18

一等車形式図

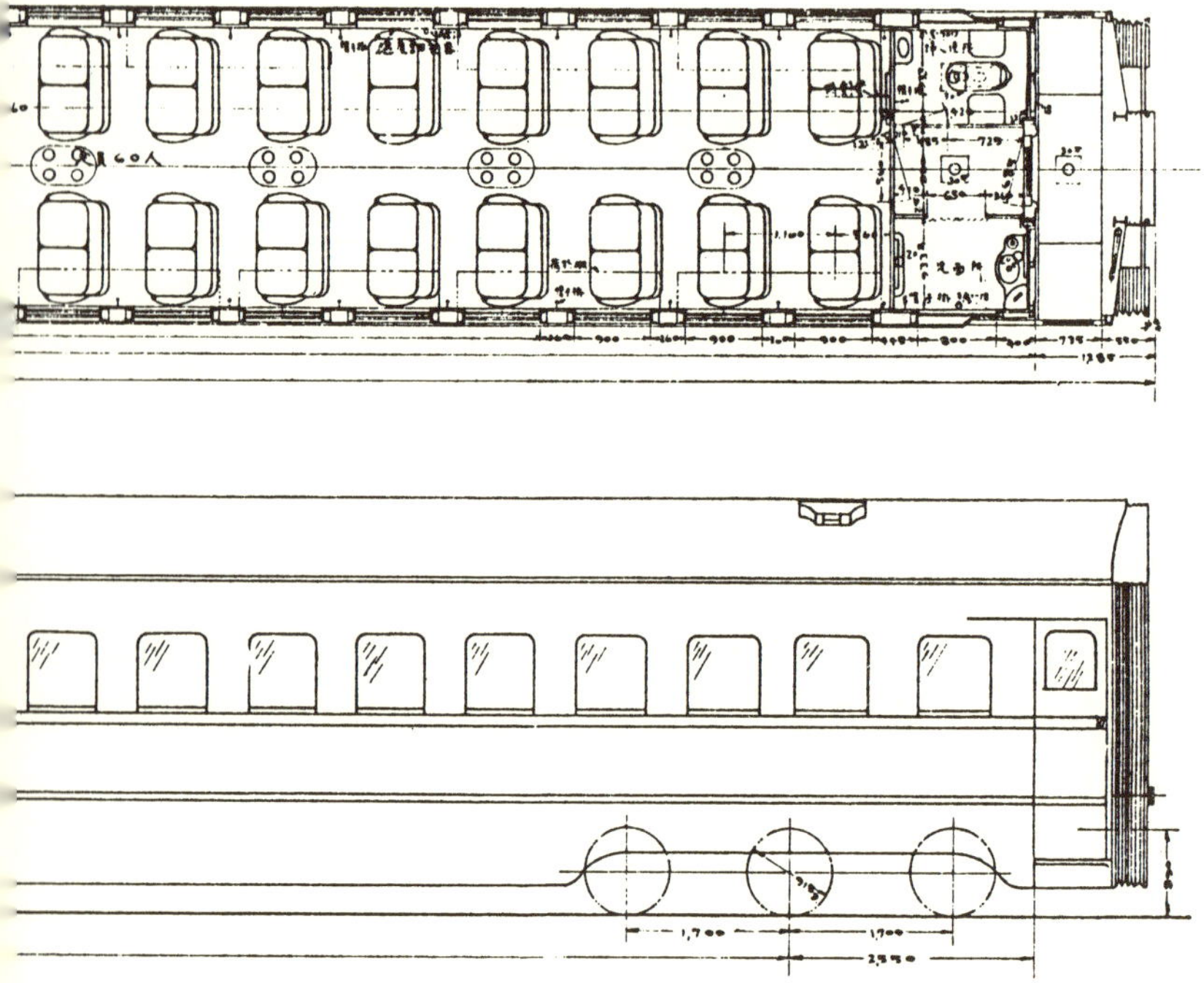

…電機及蓄電池	空気調整装置	車台一箇ノ重量	自重
…軸直結 …試機付 …kW.　E25形型	キヤリア蒸気放射式冷凍機 (冷凍容量6噸) 及温気式暖房付 温湿度自働調節	9,120 kg.	

一等車イ1			
製造年度	輛数	番号	製造所名
昭和9	2	1000～1001	鉄道工場

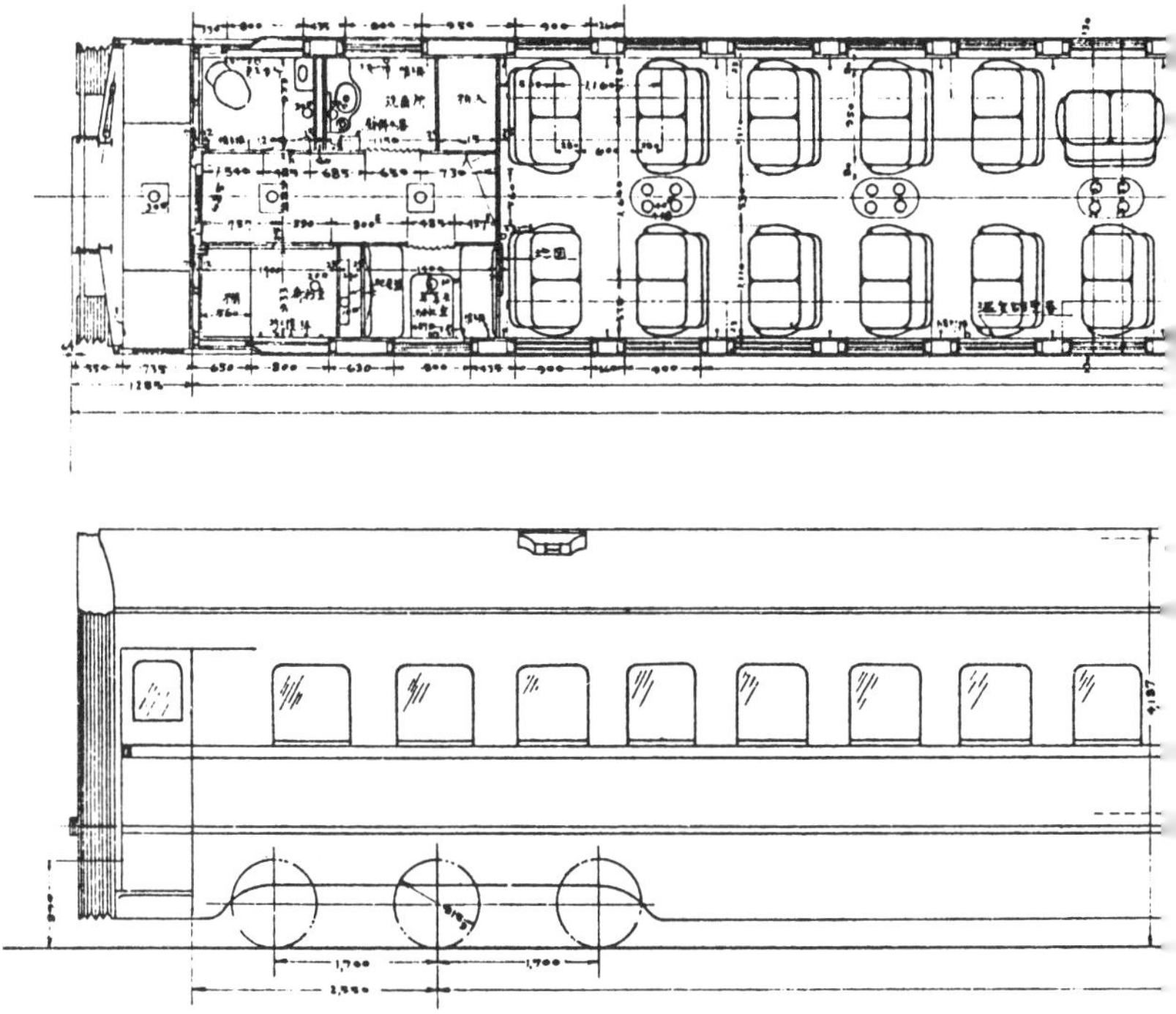

最大寸法			連結器間ノ長サ(肘内側)	軌條面ヨリノ高サ		定員	制動機	
長サ	幅	高サ		連結器中心	床面		手用及空気制動機(L	
							三動弁	制動筒ノ
24,696	3,056	4,187	24,540	890	1,350	60	LJ	457(1

あとがき

国際列車としての満鉄の流線型特別急行列車「あじあ」が、満洲の大平原を当時蒸気機関車の速度としては世界一と称せられた超スピードで豪華な車輛を牽引して快走した颯爽たる勇姿は、今も目を閉じると目蓋に浮かんでくるのである。

「あじあ」が昭和九年十一月一日、大連―新京間に運転開始後間もなく、上海から汽船で大連へ渡航し大連から新京へ列車「あじあ」に乗って旅をしたアメリカ人が私を訪ねてきて、特別急行列車「あじあ」の構造その他の点について質問した。私は彼に詳細にわたって説明したところ、彼は私に「あなたは日本政府からゴールドメダルを授与されましたか」と聞いた。

またあるアメリカ人は私に、特別急行列車「あじあ」のすべてを論文にしてアメリカの大学へ提出するように勧めてくれた。しかし、この「あじあ」の設計製作は個人の功績ではなく、設計に当たった多くの満鉄技術者また製作に従事した多数の満鉄鉄道工場社員をはじめ、間接的に後援してくれた多くの満鉄社員、それに部品、備品を製作してくれた日本における各製造家の協力がなくては短期間にあの優秀な列車は完成されなかったものと今もなお深く感謝しています。

営業開始後、「あじあ」列車の運転並に営業に従事した満鉄社員、また客車内の空気を衛生的見地より清浄にする調査に当たってくれた満鉄衛生研究所員に深く感謝いたします。

運転開始後、初めての春季を迎えて思いもかけぬ満洲平原の柳絮に襲われて空気調整装置に故障を生じたこと、また昭和十年九月一日より新京から哈爾浜へ延長運転したが厳寒季に至り零下四〇・二度（哈爾浜における気温極数最低）の気象に際し客車の二重窓ガラスは氷結して窓外の風光を展望することができぬようになったことは忘れることはできません。これらの故障に対しては、それぞれ実地調査と研究の上防止することを得ました。

私のこの著書は、特別急行列車「あじあ」の設計製作に協力と後援を下さった元満鉄社員の皆さん、日本における満鉄と関係のあったメーカーの方々、今日から四十年前にこの列車を愛乗していただいた数えきれない多数の旅客さまへ贈るとともに、「あじあ」という列車は見たこともないが興味をお持ちの鉄道ファンである一般の読者の方々へお贈りしたいと思いまして執筆いたしました。

日本における蒸気機関車は次第とその姿を消してＳＬ(Steam Locomotive)ファンをさびしがらせ、このＳＬという言葉はSecond Lifeに使われるようにならんとしています。

昭和二十年八月十五日大東亜戦争の終戦によって満鉄の車輌は中国に接収されたが、終戦後のどさくさでシベリアへ持ち去られたものもあるといわれるが、「あじあ」は果して終戦後三十年を過ぎた今日いづこにあるか知るすべもなく幻の列車となっている。

昭和五十一年十月

市原善積

満鉄が世界に誇った特急列車「あじあ」

天野博之

「あじあ」の短かった一生

昭和九(一九三四)年一一月一日に運転開始、大連・新京(現長春)間七〇一kmを八時間三〇分、平均時速八二・四kmで駆け抜けた特急「あじあ」は、満鉄社員の誇りとして今も語り継がれている。「あじあ」は満鉄関係者や満洲に在住する日本人ばかりでなく、日本国内でも大きな評判を呼んだ。当時の絵本や少年少女雑誌にも頻繁に登場、さらに昭和一二(一九三七)年からは小学五年生用国語教科書に『「あじあ」に乗りて』(石森延男執筆)が掲載され、少年少女の夢を大きく育んだ。大連から一人で「あじあ」に乗車しハルビンの叔父さんを訪ねる少年が、車窓から沿線の名所旧跡や産業施設を見ながら旅を続ける。途中で新京に帰るロシア人少女と知り合うなど、多民族国家らしい描写もある。

私が生まれたのは「あじあ」誕生のほぼ一年後である。物心ついてからの「あじあ」乗車体験は昭和一五年七月日本へ行くための新京から大連までの片道、翌年の新京・大連往復、哈爾濱往復、そんなものである。満洲の汽車旅行は子供には退屈である。どこまでも起伏の少ない曠野や高梁畑が広がり変化が少ない。退屈した私を慰めてくれたのは、展望一等車の書棚にあった子供向けの本であった。

私が東京訪問の家族旅行をした昭和一五年は、鉄道省から「不要不急の旅行は遠慮して、国策旅行に御協力下さい」のポスターが各駅に張り出される、そんな時代相となっていた(白幡洋三郎『旅行ノス

絵本の表紙を飾った「あじあ」
（写真・中村俊一朗氏提供）

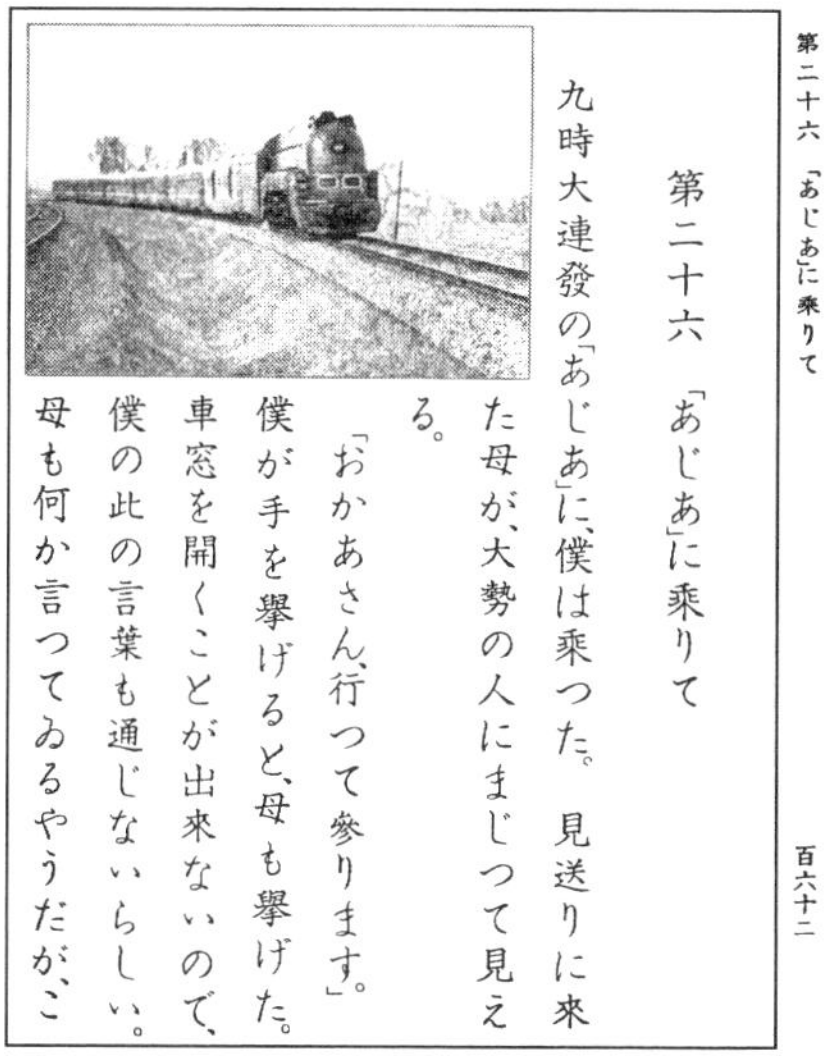

第二十六　「あじあ」に乘りて　百六十二

第二十六　「あじあ」に乘りて

九時大連發の「あじあ」に、僕は乘つた。見送りに來た母が、大勢の人にまじつて見える。

「おかあさん、行つて參ります。」僕が手を擧げると、母も擧げた。車窓を開くことが出來ないので、僕の此の言葉も通じないらしい。母も何か言つてゐるやうだが、ご

国定教科書にも登場した

スメ』)。満洲では内地ほど窮屈ではなかったが、家族旅行も思うようにならない時代が迫っていた。

昭和一六年七月、関特演(関東軍特種演習)と称して対ソ戦準備の大動員が行われた。満ソ国境への軍事輸送が最優先され、七月下旬から旅客列車はほとんど運休となった。この時期の『時間表』には満洲・朝鮮の列車時刻表は削除されている。「あじあ」も運休、復活したのは一二月になってからで、それも大連・新京間のみの運転だった。その後哈爾濱までの運転も再開されたが、所要時間は一三時間五一分とかつての一二時間三〇分より大幅に時間が延長された。対中戦争の長期化に伴い輪転資材の入手が困難になったうえ、良質な撫順炭を確保できなくなったことにも原因がある。

太平洋戦争の戦局が悪化する中、中国本土から日本への物資の輸送を海上から陸上に転換するにあたって旅客列車を削減、「あじあ」は昭和一八(一九四三)年二月末をもって運転休止となった。四月の時刻大改正を待たずに一か月先んじて運転休止としたものである。三月号の『時刻表』には掲載されているので、この間には軍の強い要求があったものと推測される。一九年九月からは、大石橋以南の連京線一八四㎞の複線の線路の一方や橋梁、信号施設を撤去し、奉山線や朝鮮内鉄道強化に利用する単線化工事も開始された。

その後の「あじあ」は、客車は急行「はと」などに転用されたが、機関車のパシナは重量が大きく連京線新京以南でしか使用ができなかったため普通列車を牽引、奉天以北では朝鮮からくる貨物用機関車「ミカイ」が牽引する急行列車を待避線で見送るという屈辱も味わっている(市原他『南満洲鉄道鉄道の発展と蒸気機関車』)。

「あじあ」の運転期間は関特演中の休止を除いて約一〇〇か月、その間の乗車人員は、定員二九二名一日一往復であるから、一部区間の乗客を含めてもおそらく二百万人前後であろう。現在の東海道新幹線乗客の一日の乗客数は三七万五〇〇〇人（〇六年）というから、その一週間分にも満たないが、利用者には感動を与えたものである。

「あじあ」建造計画

本書の著者の市原は、米国調査旅行中に満四〇歳を迎える。大正五（一九一六）年の入社というから「あじあ」建造の計画が具体化した昭和八（一九三三）年は入社十八年目の働き盛り、客車設計のベテラン技師であった。

市原は本書の叙述にあたって、米国出張の調査の状況や機関車、客車の諸元については詳細に述べる。しかし建造案決定までの経過、新型機関車パシナの設計と建造、あるいは他の関係者の役割についてほとんど語っていない。この項では、残された資料や関係者の証言によって、そのあたりについて述べていきたい。

大連・新京間の「超特急列車」の建造が決定したのは昭和八年八月二三日の重役会議とされる。その要点は左の通りである。

(1) 大連・新京間の八時間三〇分運転
(2) 全車両の空気調整装置の設置
(3) 昭和九年一〇月のダイヤ改正時に運転開始
(4) 列車四編成の建造

決定の時期から考えると、運転開始まで十三か月の時間しかない。額面通りに受け取れば、この短期間に新型機関車を設計建造し、併行して世界に例のない空調装置を全客車に設置した列車を建造するなど、無謀の沙汰と言うほかない。

しかし担当の鉄道部には成算があったのである。昭和七年に鉄道部車務課・松本林弌、経理課予算係主任・田村道堅が国際的な超特急建造を提案、かねてから同様な考えを持っていた輸送課長・猪子《いのこ》一到《かずゆき》（終戦時の理事）の支持を得た。以後、鉄道部が中心になって鉄道研究所などの協力を得て調査研究し、急行「はと」を牽引する最新の機関車パシコを利用したスピード試験を八年七月五日から三日間行っていた。試験運転では⑴高速を得るための流線形、⑵高速走行で巻き上げる砂塵を防ぐための空気調整装置、⑶軸受けにボールベアリングの利用などが必要であることが判明した。

重役出席の七月二〇日の予算審議には、松本と田村が出席して説明することになった。新型機関車一一両の提案に、予備車を含めて三両あれば十分ではないかと反論され、松本はダイヤグラムの説明をしてその台数が必要なことを力説した。当時は大連・新京間七百kmを一両の機関車で走り通すことには無理が伴う。この会議で超特急建造が認められたという（『満鉄会報』二一一号）。会社の命運を左右する重要な会議を若手社員にゆだねる社風が満鉄らしい。満洲国建国五か月後のことである。

客車の空気調整装置

重役会議の決定二日後の八月二五日、早くも市原に「急行列車用客車ノ構造並空気調整方法取調ノ為、往復共満五箇月間米国へ出張ヲ命ス」と米国出張が命じられた。市原は英語の会話や読み書きに堪能であり、米国の各社訪問の際は、時にニューヨークの三井物産、三菱商事駐在員の案内があったものの、多くは単独行だったことが日記の記述から窺われる。

市原がニューヨークで最初に訪ねた三井物産ニューヨーク支店では、大連で旧知の仲の石田礼助支店長に会った。石田は昭和一四年から一六年にかけて三井物産の社長を勤め、戦後の昭和三八年五月、十河信二総裁の後を受けて第五代国鉄総裁となり、翌年の東海道新幹線の誕生に立ち会った人である。

米国視察後、市原は最初の予定にはなかった欧州に回ったが、日記からはサイト・シーイングが多く、乗車した列車の観察の他は、わずかにドイツの誇る世界最速の「フリーゲンデル・ハンバーガー」試乗（二月一六日）が目に付く程度である。余談になるが、パリで世話になった坂本直道は坂本龍馬の直系で、この時期はパリ駐在員であったが、翌年六月に満鉄巴里事務所開設の際は所長となり、A・ジイドやA・マルローも寄稿した『FRANCE-JAPON』誌を発行して日仏親善に貢献した。

市原が空気調整装置がキャリア・エンジニアリング社製品に決定したとの本社電報を受け取ったのは、ベルリン滞在中の二月二四日のことである。

一方大連本社では、かねてから空調装置の研究を命じられていた入社三年目の田山一雄が、日本代理店の東洋キャリア社から二名の社員の大連派遣を得て、設計を担当した。

田山によると、キャリア社の蒸気エゼクタ方式（蒸気放射式）の利点は、特別の化学薬品を使用しない、圧力が低い、運動部分が少なく摩耗が少ない、能力調整の範囲が大きくかつ調整が容易、騒音が少ない、扱いなれた蒸気の知識で十分、全て自動運転、の諸点である。一方欠点は、蒸気機関車以外には利用できない、蒸気圧力が下がれば装置は運転不能、真空機能を失えば冷凍機能を失う、などがあった。田山は満洲の気候状況に合わせてキャリア社の基本設計を改良した（『鉄道ピクトリアル』昭和39年8月号「旧南満洲鉄道」特集）。

「あじあ」四編成分の客車二〇両と予備車の三両分の空調装置のうち二両分は米国から輸入、残りの二一両分は横浜鶴見の小沢製作所で製作した（石津陽治「満鉄特急あじあとその空調装置」）。

田山の前掲論文によれば、運転翌年の六月、予期しない故障に見舞われた。満洲名物の柳絮《りゅうじょ》が飛んで蒸発式コンデンサを覆って能力を半減させたのである。新聞には「あじあではなくてアフリカ」と揶揄されたという。そんな故障も克服して翌年には快適な旅を楽しめるようになった。

市原は、四月五日大連帰着のその足で本社へ行き車両の設計に当たったと書いているが、キャリア社製品の採用決定から一か月余が経過していた。空調装置は田山、客車は小島博が中心になって進行している。市原の入り込む余地は少なかったのではなかろうか。関係者の残した記録に市原の名前を見ることは少ない。しかし後年、満鉄技術の語り部として『南満洲鉄道　鉄道の発展と蒸気機関車』『南満洲鉄道　「あじあ」と客貨車のすべて』など、貴重な解説書を編集著作した。

パシナ設計者の吉野信太郎

「あじあ」の存在を高めた要因のひとつは、牽引機関車パシナの性能と偉容である。パシナの設計は、後に「キング・オブ・ロコモティブ（機関車王）」と呼ばれ、広く外国にもその名を知られた吉野信太郎が担当した。

吉野は明治二九（一八九六）年三月、愛知県清洲で生まれた。市原の二歳半年少である。名古屋の商業高校から営口で働いていた兄を頼って渡満、満鉄が設立した南満洲工業学校に、明治四四年五月機械電気科第一期生として入学した。南満工業生徒は完成間もない満鉄沙河口《しゃがこう》沙河口工場で実習した。卒業後は旅順工科学堂（大正一一年に旅順工科大学に昇格）機械工学科に入学、大正七（一九一八）年に卒業すると同時に満鉄に入社し、沙河口工場設計課に配属された。先輩に「あじあ」建造当時の計画係主任だった久保田正次の名前が見える。市原は同じ旅順工科学堂機械工学科を二年前に卒

写真上
アメリカン・ロコモティブ社の工場で
一番右が吉野
写真下
機関車パシナの設計者、吉野信太郎
(写真２点・吉野康司氏提供)

業して満鉄に入社し、この時は沙河口工場倉庫課に所属していた。

創設最初、沙河口工場の客車職場・貨車職場は修繕ばかりでなく新造まで行っていたが、機関車職場は輸入機関車の組立て、修繕にとどまっていた。満鉄では、機関車は最初は気候風土の似た米国、後に英国・ドイツから輸入していた。しかし満鉄工場製機関車への要求は強く、創業十年後の大正三年度、初めて貨物列車用のソシリ型機関車を沙河口工場で製造、ついで五年度に旅客用のパシイ型機関車を製造した。六年度には撫順炭礦用の電気機関車を製作するに至った。しかしこれらは欧米機関車の模倣が多かった。

市原・吉野が入社した当時は、自前の機関車製造熱が高揚した時期である。最初から設計課に配属された吉野は、将来を嘱望されていたのであろう。

入社六年目の大正一二年、吉野はこの年度一七名の海外留学生の一人として「海外修学」のため米国に派遣された。一二月中旬、横浜港からさいべりあ丸に乗船、サンフランシスコに向かった。昭和八年に渡米した市原は一等船客として乗船したが、吉野の場合はどうだったのだろうか。会社の規定では、留学期間は往復を除き二年間、支度料六〇〇円、見学旅費が米国の場合は一年間につき一二〇〇円、学費五五〇〇円などが標準だった。この外に留守宅手当も支給されるから、充実した海外生活を送ることができたはずである。

吉野が目指したのはニューヨーク州スケネクタディ市のアメリカン・ロコモティブ社工場、ツナギの作業着を着た写真が残されている。この工場には市原も訪れた。孫に当たる吉野康司氏の手元に残された写真から、外にマサチューセッツ工科大学(MIT)機械工学科実験室、バデュー大学、アメリカン・ラジエーター社工場を訪れた事が分かる。時に二七歳。この地でスキー、スケート、テニスも楽しんだ。後年のインタビューで趣味はスケートと乗馬と語っているが、この時期に覚えたのかもしれない。スケネクタディに、旅順工科学堂同期で共に満鉄に入社し、米国ガテウ大学在学中の是安正利が訪ねてきたほか、各地で満鉄社員と交流している。

アメリカン・ロコモティブ社工場は満鉄と縁が深く、創業の時に最初に輸入した四両の機関車はいずれもこの社の製品であり、機関車組立てに当たっては「技師ルパート氏を好意を以て無給派遣せられ」と満鉄社史は特記している。

帰国は大正一五年(一九二六)前半と推測される。同年七月の「職員録」の鉄道部機械課に吉野の名前が復活するが、この職員録で初めて市原の名が吉野の上席に見える。新特急列車企画が進行し始めた昭和八年一月「職員録」では、市原は鉄道部工作課客貨車係主任、吉野は技術員最上席である。

帰国後の吉野が最初に設計したのが昭和二年度新造の急行旅客列車牽引用の機関車パシコである。それまでの満鉄製造の機関車は、「外国製の図面を踏襲して、これに部分的改造・変更」を加えたものだったが、「パシコは満鉄が初めて新規に設計・製作」した機関車であった(細田貞義『伏水会報21』昭和56)。パシコはその性能をかわれて大連・長春間急行(昭和七年一〇月より「はと」)を牽引した。

ここで満鉄機関車の記号について記しておきたい。「パシナ」は「パシ」と「ナ」に分かれる。「パシ」とはパシフィック型で車輪配列が4-6-2、貨物用機関車として最も多く使用された「ミカド」型は車輪配列が2-8-2、動輪はそれぞれ三軸、四軸である。「ナ」は順番を表す数字で、イ・ニ・サ・シ・コ・ロ・ナ・ハ・ク・チの順で型式の後に小さい字で記すとされた。従ってパシナはパシコ・パシロに次いで建造された型式であることが判る。

流線型機関車パシナの建造

昭和九(一九三四)年一〇月に新特急列車の運転開始のスケジュールだと、遅くも八月中に試験運転を完了させなければならない。機関車係に与えられた時間は一年に満たない。新型機関車に要求される性能は、高速運転と無停車走行距離の延長であった。途中停車駅を減らすほど時間短縮が可能になる。

最終候補のパシ型とバークシャ型(4-6-4)の比較検討が行われ、設計変更や失敗が許されない状況下で、満鉄には馴染みの深いパシ型の採用が決定した。主要材料の研究も併行して行った。

細田によると吉野の示した基本構想は、「制限重量ギリギリで、最大の性能をもつ機関車を、最短の期間で完成する」というものだった。設計開始は九年一月。

パシコをベースに主要部分の計画図を作成、部品の形状、寸法、重量を算出する。さらに全体の重量ならびに重量配分を勘案しながら修正、変更を重ね最終案とした。一七名(日本の車両メーカー四名の応援を含む)の設計担当者は割り当てられた部分を前記計画図に従って設計する「平行設計」を行った。この手法は以後の機関車設計にも応用された。一枚の部品図が出来上がると、部分組立図の完成を待たずにただちに製作部門に回された。細田の記憶では型式決定から本計画完了までに要した日数は三か月余だったという。

動輪直径は二〇〇〇㎜と世界にも類例の少ない巨大さとなったが、当時日本ではC51などの一七五〇㎜が最大であった。高い蒸気圧を得るために石炭の燃焼効率上昇を図って火室面積を広く取った。二年後製造されたD51の火室面積の二倍といわれる。それまでの人力による投炭では間に合わず自動給炭機(メカニカル・ストーカー)を設置した。それでも真夏の冷房時や萬家嶺から許家屯へ向かう勾配九・五％の急坂などでは、手焚きが必要な場合もあった。

動作部分の給油が十分でないと、部品の焼き付けや円滑な作動が出来なくなる恐れがある、その点にも最大の配慮が払われた。

スピードアップには軽量化が必須である。市原の一一月二三日の日記に、ＧＥ社のオイル・エレクトリック機関車を見に行ったとある。重量六〇トンの機関車は軽量化を図ってすべて鋲留を廃した溶接構造であった。そのほかアルミニウムなどの軽くて強度のある金属への関心も日記の随所に窺われる。

「あじあ」といえばスピード感あふれる流線形が真っ先に頭に浮かぶ。しかし細田によると、流線形化は最初から決まっていたのではないという。設計がおよそ七〇％ほど進んだ時点で流線形化が決定した。この決定は設計陣には大きなショックだった。当時は流線形の資料は乏しい上にその効果も明らかでなく、パシナだけで増加する重量二・五トンをどのように処理するか吉野以下頭を抱え込んだ。その解決には鋳造品は肉厚を薄くし中空とする、アルミ板・アルミ鋳造品・ジュラルミンなどの軽い資材の使用に切り換えるなどで対応した。鋲留も溶接に変えた。流線形被いは保守点検の際に邪魔になる恐れもあった。後年吉野は社員会雑誌『協和』に「あじあ」は「優秀な性能と怪異な流線形被い」と自嘲気味に記し、「毒ガスマスクを被つたような、またはスフインクスにも似た真正面」とも書いている。自らのデザインながらあまり気に入ってはいなかったようである。『協和』の「あじあ」特集号の写真説明も痛烈である。「何を象つたものか知らないが、芋虫型の鈍重な感覚のなかに、今日までの機関車とは全く異なつた機関車の構成の美しさが感得される」とある。これは褒め言葉なのであろうか。芋虫とは風圧を避けるため車輪の部分まで覆いを付けたから、そのように見えたのであろう。

パシナはほとんど満洲産、日本産の材料を使用したが、一部特殊鋼などはドイツほかから輸入した。大型のローラーベアリングはパシナの炭水車に初めて使用された。後年吉野は「部分的に特に注目すべきはローラーベアリングである。これは走行抵抗を減ずるのみでなく、ノータッチ長距離運転には無くてはならぬ代物」（『協和二五一号』昭和14年10月15日）と書いているように、パシナ以後の旅客用機関車に全面的に採用された。完成したパシナは、全長二五・七m、全高四・八m、全幅三・二m、炭水車を含め満炭満水時重量二〇三トン、動輪直径二〇〇〇㎜、動輪上重量二四トンとなった。「あじあ」は列車長一七四m、客車重量三四〇・五トン、乗客定員二九二名であった。

設計の不具合を工場側の工夫で補う、両者の昼夜兼行の進行と協力で、八月一五日、パシナの試運転が行われて期待通りの成果を上げることができた。

この間、工務部門では、奉天・新京間に残っていた七二㎞の単線区間の複線化、線路の改良、曲線の緩和などに努めていた。完全複線化がなったのは「あじあ」運転開始を一週間後に控えた九月二六日のことであった。

短期間にこのような偉業をなしとげた背景には、満洲国設立初期の情熱、あるいは軍による満鉄解体の不安が存在する中、超特急「あじあ」計画が全満鉄社員の心と情熱を一つにまとめあげたからだと言われている。

満鉄では計画発足時は一〇月一日に時間表大改訂、特急「あじあ」の運転開始を予定していた。ところが内地の東海道本線の丹那トンネルの工事が湧水と軟弱な地盤に阻まれて難航、予定より完成が遅れた。満鉄の時刻改正は内地と連動するのが常だったから、「あじあ」の運転も延期された。しかし満鉄の収益源の北満の大豆をはじめとする農産物の輸送は待ってはくれない。そこで満鉄は内地よりは一か月早く一一月一日に見切り発車をして時刻改正を行ったのであった。

この間、二三一ページに述べられたようなバーンビー卿等の英国視察団、米国新聞記者等の試乗を行った。また一般人を無料で乗せる試運転が評判を呼んだりした。

「あじあ」の運転開始

昭和九年一一月一日九時、大連駅から新京に向かって一番列車が発車した。『満洲日報』によると乗車率は七割程度だった。一方新京からの南行列車は、陸軍特別大演習を陪観する満洲国軍将校三三名が軍政部最高顧問板垣征四郎少将に伴われて乗車した。後に国務総理となる張景恵軍政部大臣、西尾関東軍参謀長も見送りに現れた。南行列車の発車は一〇時と大連発より一時間遅かった。

当時の機関車は、大連・奉天間三九七kmを無停車で走行することは出来なかった。給水、給炭、グリースの補充、灰落しなどが必要で、大連から二四〇km地点の大石橋、同様に奉天・新京間三〇五kmは奉天から一八九km地点の四平街で五分停車とした。

中間の奉天駅にはパシナを待機させ、大連からの「あじあ」には新京機関区のパシナを、新京からの「あじあ」には大連機関区のパシナに付替えて運転した。この間五分という早業であった。このような方式で運転するため、松本林弌は予備を含めて一一両の機関車が必要と計算したのである。

「あじあ」はパシナ、郵便手荷物車、三等車二両、食堂車、二等車、展望一等車の全七両で運行された。全部で四編成建造した。この一列車の建造価格は五三万円である。うちパシナの価格は一三万七〇〇〇円とされる（小山睦雄編『鉄道車輌便覧』）。翌年一等車二両、二等車一両を新造、展望一等車の前に一両増結することもあった。パシナ三両は満鉄沙河口工場、八両は川崎車両兵庫工場で製作、昭和一一年秋から通称ヘルメット型一両が追加された。客車は全て沙河口工場製である。

昭和一〇年三月、北満鉄道(旧東清鉄道)を満洲国がソ連から買収すると、八月三一日早朝、新京・哈爾濱間二四〇㎞を三時間でロシア式広軌から満鉄使用の標準軌に改築した。九月一日から「あじあ」の運転を開始したが、道床や橋梁の条件が悪く炭水車を含むと重量二〇三トンに達するパシナを走らせることが不可能で、初めパシサ、翌年からパシシを使用した。一年目の所要時間は四時間五〇分で、大連・哈爾濱間に一三時間三〇分を要した。運転開始後も引き続き施設改良を進め、翌年一〇月からは五〇分短縮、大連・新京間の一〇分短縮と合わせ、所要時間を合計一時間短縮して一二時間三〇分とした。

「あじあ」の哈爾濱までの延長運転を機にロシア人少女一〇人を食堂車のウエイトレスに採用した。緑のワンピースに白のエプロン姿は、国際列車らしい雰囲気を醸し出すと旅客に好評だった。スカーレットとグリーンの「あじあカクテル」を用意したのもこの時期である。これは新京発一七時四〇分、哈爾濱着二二時三〇分という時間帯は飲兵衛には気の毒と考案したという。発案者も大方いけるクチだったのだろう。

初期の「あじあ」は前に記した夏の冷房が利かない、最後尾の展望一等車の揺れが激しい、客車間の自動ドアがキチンと閉まらない、などの苦情が見られたが、間もなく解決され、東洋一の高速を誇る満鉄の優等列車としての評価が定着していったのである。

吉野信太郎は、その後も昭和一二年にパシナの後継機パシハ、さらに一六年には一度使用した水を回収、千六百㎞の無給水走行を可能とする画期的な復水式蒸気機関車ミカクの開発などの新機軸を打ち出した。昭和一八年四月、「特殊機関車の考案設計、パシナ型機関車…などの製作完成に関与」により、細田貞義と共に大村卓一総裁から効績賞を贈られた。効績賞は「職員録」「社員録」の氏名の上に記され、一目で誰にでも判る名誉ある賞である。

一五年七月工作課長になり、一九年七月からは大連鉄道工場工場長を勤めた。二〇年二月の組織表を見ると、「あじあ」設計の仲間は、部下の機関車工場長に細田貞義、牡丹江鉄道工場長に客車の責任者だった小島博、工作局工作課課長に空調責任者だった田山一雄、沙河口工場の担当者だった小沢恒三が工作局工場課課長兼運輸局車務課課長、線路改良を担当した高野與作は施設局次長と、それぞれ重要な地位を占めている。

この半年後に敗戦、技術者を尊重するソ連軍関係者が吉野の名を慕って訪ねてきたという。ソ連にも機関車設計者としての吉野の名前がよく知られていたのである。しかし昭和二一年一〇月一三日、肝硬変のために吉野は亡くなった。享年満五〇歳。大連からの邦人引揚げが始まるのは五〇日後、一二月三日であった。

吉野は戦後早く亡くなり、在職中も多くを語ったり書き残したりしなかったため、その真価が埋もれてしまったことを惜しむ人は多い。

（満鉄会常任理事）

市原善積（いちはら・よしずみ）
明治26年、香川県に生まれる。大正5年、旅順工科学堂（旅順工科大学）を卒業し、南満洲鉄道株式会社に入社。昭和8年、車両設計主任技師として、急行列車用客車の構造ならびに空気調整方法調査のためアメリカ、ヨーロッパへ出張。昭和12年、華北交通株式会社に出向し監察役をつとめる。満鉄退社後、東洋化学工業株式会社代表取締役に就任。北京で終戦。戦後、数社の役員を歴任したのち、株式会社米子製鋼所顧問。

満鉄特急《まんてつとっきゅう》あじあ号《ごう》

●

2010年3月31日　第1刷

著者……………市原善積《いちはらよしずみ》

装幀……………歸山則之

発行者……………成瀬雅人

発行所……………株式会社原書房
〒160-0022 東京都新宿区新宿 1-25-13
電話・代表 03(3354)0685
振替・00150-6-151594
http://www.harashobo.co.jp

印刷……………新灯印刷株式会社

製本……………誠製本株式会社

ISBN978-4-562-04555-6, ©2010 Printed in Japan

本書は1982年小社刊『満鉄特急あじあ号』を新しい版に改め、解説を加筆した増補新版である。